Rohe | Schwarz | Ekarius – Der Eichenprozessionsspinner

Wolfgang Rohe
Lars Schwarz
Denis Ekarius

Der Eichenprozessionsspinner

Vorkommen – Gefahr – Bekämpfung

Quelle & Meyer Verlag Wiebelsheim

Kontaktdaten der Autoren:
Wolfgang Rohe: wolfgang.rohe@hawk.de
Lars Schwarz: lars.schwarz@eclipso.de
Denis Ekarius: baumdienst.ekarius@gmail.com

Bibliografische Information der Deutschen Nationalbibliothek
Die Deutsche Nationalbibliothek verzeichnet diese Publikation in der Deutschen Nationalbibliografie; detaillierte bibliografische Daten sind im Internet über http://dnb.d-nb.de abrufbar.

Umschlagabbildungen: Vorderseite: Links oben und unten: Wolfgang Rohe; rechts oben: iStock/dennisvdw
Rückseite: Oben und unten rechts: Wolfgang Rohe; unten links: Wikimedia Commons/Siga (CC BY-SA 1.0)
Druck und Verarbeitung: TZ Verlag & Print GmbH
Printed in Germany/Imprimé en Allemagne
ISBN 978-3-494-01827-0

Inhaltsverzeichnis

1 Einleitung

Momentan erleben wir global und in Europa zwei erhebliche Auswirkungen unserer Zivilisation: den Klimawandel und ein massives Artensterben. Bei Letzterem ist insbesondere die größte Tiergruppe der Welt betroffen: die Insekten [1]. Allerdings gibt es einige wenige Insektenspezies, die von den menschlich verursachten Veränderungen profitieren. Der Eichenprozessionsspinner (EPS) ist eine davon. Als wärmeliebender Nachtfalter kann er seine Entwicklung schneller abschließen. Hinzu kommt, dass das Artensterben meist seine natürlichen Regulatoren getroffen hat. Insofern kann er sich nun wesentlich leichter ausbreiten und vermehren. Zusätzlich sind Trockenstress geschwächte Bäume leichter zu befallen. Der EPS gehört zur Eichenfraßgesellschaft. Diese besteht hauptsächlich aus fünf Schmetterlingsarten, deren Raupen Eichenblätter fressen. Sie neigen zur Massenvermehrung. Dadurch können Bäume wiederholt vollständig entlaubt und zum Absterben gebracht werden. Dies ist der eine Schaden, den der EPS verursachen kann. Die zweite Gefahr ist wesentlich direkter für uns Menschen. Seine Raupen haben neben den langen Haaren auch sogenannte „Brennhaare". Diese sind sehr kurz und für uns mit bloßem Auge nicht sichtbar. Sie sind mit Widerhaken versehen, sowie mit einem Giftcocktail gefüllt. Dieses kann erhebliche gesundheitliche Schäden verursachen. Für Allergiker kann sogar eine lebensbedrohliche Situation entstehen. Deshalb ist es wichtig, die EPS-Vorkommen in Siedlungen und in deren Nähe auf allen Flächen wie z. B. privatem Grund, Firmenflächen sowie kommunalen Flächen, aber auch entlang von Waldwegen und Waldparkplätzen zu kartieren und zu bewerten. Dann kann frühzeitig, angepasst und fachgerecht, die Bekämpfung erfolgen. Aus Verantwortung für die körperliche Unversehrtheit der Bürger, der Waldarbeiter, der Selbstwerber aber auch der Bekämpfer ist jede Kommune und jeder Waldbesitzer, sowie jede Bekämpfungsfirma verpflichtet, nach dem neusten Stand des Wissens zu handeln.

Dazu gehört auch Vorsorge. Sie ist ein wesentlicher Teil im EPS-Management. Deshalb werden hier auch entsprechende Präventivmaßnahmen vorgestellt. Diese sind bestens geeignet, das Stadtbild und den Waldrand zu verschönern und die natürliche Vielfalt der Insekten zu fördern. Auch nachbarschaftliche Kooperationen können dadurch neu gebildet oder gestärkt werden. Lassen sie uns die Lebensqualität in unseren Wohnräumen und in unseren Wäldern optimieren.

Zur EPS-Bekämpfung werden die gängigen Verfahren besprochen und bewertet. Für die Beseitigung der gefährlichen Raupen wird ein neues Verfahren vorgestellt. Mit dem EPS SOLVE-Verfahren können in zwei Schritten die Raupen-Vorkommen fast ohne Kontamination der Umgebung mit Brennhaaren entfernt werden. Die Kombination besteht aus einem Heißschaum- und einem Heißwasserinfiltrationsverfahren.

Von wissenschaftlicher Seite ist immer noch das Fehlen von objektiven Maßstäben zur Beurteilung der gesundheitlichen Belastung der Bevölkerung als Entscheidungsgrundlage für adäquate Akutmaßnahmen zu beklagen.

2 Der Eichenprozessionsspinner

(*Wolfgang Rohe*)

Der Eichenprozessionsspinner (auch Eichen-Prozessionsspinner geschrieben) trägt einen langen Namen und der wissenschaftliche Name *Thaumetopoea processionea* (LINNAEUS, 1758) ist schwierig auszusprechen. Deshalb nutzen wir meist die verkürzte Bezeichnung EPS.

2.1 Vorkommen und Verbreitung

Das Verbreitungsgebiet des Eichenprozessionsspinners erstreckt sich von Südengland über West-Mitteleuropa bis nach Spanien und in den Balkan. Aus den letzten 50 Jahren liegen Berichte über ausgedehnte Massenvermehrungen (Gradationen) dieser Schmetterlingsart vor. In Deutschland sind nahezu alle Bundesländer in unterschiedlich starkem Maße betroffen. Dabei vergrößern sich die Verbreitungsareale des Eichenprozessionsspinners und die Populationsdichten steigen, über die Jahre gemittelt, an. Dies trifft auch für die Populationen außerhalb Deutschlands zu [2]. Unter Berücksichtigung verschiedener Klimamodelle und der daraus abgeleiteten Temperaturen und Niederschlagsverhältnisse ist in Deutschland, für die nächsten 50 Jahre, eine dauerhafte Herausforderung durch den EPS zu erwarten [3]. Der EPS-Befall kann sich jährlich ca. 5 bis 20 km weiter ausbreiten. Bei Sturmereignissen sind auch größere Distanzen möglich. Ein Weibchen reicht aus, um ein neues Befallsgebiet zu gründen [4]. GROENEN und MEURISSE [5] fanden eine mittlere jährliche Ausbreitungsgeschwindigkeit in Europa von 7,5 km für die Zeitspanne von 1970 bis 2009. In der Gründungsphase werden nur kleinere Raupenseidennester ausgebildet. Diese entgehen oft der Entdeckung.

„Die Nachweisdichte und Häufigkeit hat in den letzten 20 Jahren extrem zugenommen. Sie ist nicht nur ein Ausdruck der genaueren und differenzierten Qualität von aktuellen Meldungen und der Darstellung in den Medien, sondern wird im Zusammenhang mit einer deutlich gestiegenen Populations- und Vorkommensdichte gesehen. ... Zu keinem Zeitpunkt ist historisch eine derart intensive Besiedlung nachweisbar“ [6].

Die natürliche Regulation wurde früher kaum beachtet. Der voreilige und übermäßige Einsatz von Insektiziden traf am stärksten die Antagonisten der Prozessionsspinner. Dadurch wurden die effektiven Gegenspieler stark zurückgedrängt. Insofern sind der Ausbreitungserfolg und die Fluktuationen auf hohem Niveau der Populationsdichten des Eichenprozessionsspinners keine Überraschung.

Der Klimawandel in Deutschland erhöht die Anfälligkeit von Bäumen gegenüber Trockenstress. Dadurch werden die Bäume geschwächt. Diese geminderte Vitalität nennen wir auch Prädisposition. Sie erleichtert allgemein den Insektenbefall und fördert die Ausbreitung und Massenvermehrung des Eichenprozessionsspinners.

Einige Insektenarten wiederum profitieren physiologisch von den höheren Durchschnittstemperaturen. Der EPS ist solch eine wärmeliebende Schmetterlingsart. Insbesondere die Witterung im April und Mai ist entscheidend für die EPS-Population. Bei Trockenheit, Wärme und weitgehender Nachtfrostfreiheit entwickeln sich die ersten Raupenstadien sehr gut.

Der Anbau von Eichen in „Reinkultur“ kommt dem EPS sehr entgegen. Entsprechende Waldbestände oder Alleen können leicht besiedelt werden und bieten optimale Bedingungen zum Aufbau einer individuenreichen Population.

Der Eichenprozessionsspinner bevorzugt warm-trockene Regionen mit lichten Wäldern. Aber auch Waldränder, Parkanlagen, Gärten, Feldgehölze, gewässerbegleitende Gehölze, Alleen und Einzelbäume werden gerne angenommen. Er nutzt alle Eichen-Arten, wie z. B. Stieleiche (*Quercus robur*), Traubeneiche (*Quercus petraea*) und nichtheimische Eichen-Arten sowie Eichen-Hybride. Die alten, ledrigen Blätter von Hartlaub-Eichen wie z. B. der Zerr-Eiche (*Quercus cerris*) können die Eiraupen nicht benagen. Die frisch ausgetriebenen Blätter dagegen schon.

Bei hoher Dichte wird auch auf andere Gehölzarten ausgewichen. Allerdings sind die erfolgreiche Nahrungsverwertung und damit die Reproduktion fraglich.

2.2 Aussehen und Verhalten

Der unscheinbar, rindenartig gefärbte, plumpe Falter hat hellgraue Vorderflügel mit dunklen Querlinien, die oft verschwommen oder fehlend sind. Die Hinterflügel sind weißgrau. Die kleineren Männchen haben eine Flügelspannweite von ca. 25–30 mm und die Weibchen von ca. 30–35 mm (s. Abb. unten).

Das Männchen des Eichenprozessionsspinners Thaumetopoea processionea (Linnaeus, 1758). Die äußere dunkle Binde auf dem Vorderflügel zeigt am hinteren Ende nicht zum Falterkörper. Die dunkle Binde auf dem Hinterflügel ist meistens deutlich ausgeprägt. Wissenschaftliche Sammlung Sektion Entomologie II, Senckenberg Forschungsinstitut und Naturmuseum Frankfurt am Main.
Foto: Wolfgang Rohe

Das Weibchen des Eichenprozessionsspinners Thaumetopoea processionea (Linnaeus, 1758) mit der „Afterwolle". Wissenschaftliche Sammlung Sektion Entomologie II, Senckenberg Forschungsinstitut und Naturmuseum Frankfurt am Main.
Foto: Wolfgang Rohe

Die Weibchen sind am Hinterleibsende auffällig dichter behaart. Diese Behaarung wird auch „Afterwolle" genannt [7]. Der Eichenprozessionsspinner bringt im Jahr nur eine Faltergeneration hervor. Die Falter sind nachtaktiv und fliegen von Mitte Juli bis Ende September. Die Männchen starten ca. 1–2 Tage vor den Weibchen und sind deutlich flugfreudiger. Die mobilen Falter können im urbanen Bereich in warmen Nächten in großer Anzahl um Straßenlaternen beobachtet werden. Hauptflugzeit ist Anfang August. Die Falter nehmen keine Nahrung auf. Das Weibchen lockt das Männchen mit Pheromonen an. Die Paarung erfolgt sehr zeitnah zum Schlupf des weiblichen Falters. Das Weibchen legt sofort oder in der Folgenacht 30–300 Eier. Nach der Eiablage stirbt das Weibchen. Somit leben die weiblichen Falter oft nur 1–2 Tage.

Da die Falter, auch eibeladene Weibchen, größere Strecken zurücklegen können, ist es nicht ausgeschlossen, dass an Eichen, an denen bereits im vorangegangenen Frühjahr Gegenmaßnahmen durchgeführt wurden, wieder Eigelege vorkommen. Besonders in der Nähe von Lichtquellen, wie z. B. Straßenbeleuchtungen und Flutlichtanlagen, muss mit wiederholtem Auftreten von Eichenprozessionsspinnern gerechnet werden, da die Falter aktiv zum Licht fliegen und so in der Nähe der Lichtquellen befindliche Eichen bevorzugt zur Eiablage aufsuchen. Deshalb kann eine Gefährdung durch Eichenprozessionsspinner-Raupen nur dann ausgeschlossen werden, wenn die Population im gesamten Umkreis weitestgehend zusammengebrochen ist [16] oder fachgerecht bekämpft wurde.

Die Eiablage erfolgt bevorzugt, aber nicht ausschließlich, im oberen, sonnenexponierten Kronenbereich. Dabei werden meist dünne Zweige (Durchmesser ca. 0,5 cm) genutzt. Selten können auch ältere Zweige oder der Stamm als Eiablageplatz dienen. Die Eier werden mit einem Kitt auf die Eichenrinde geklebt und in mehreren parallelen Längsreihen (meist 5–7) im Rechteckverband abgelegt (s. Abb. unten). Das Gelege ist insgesamt ca. 2 cm lang und ca. 0,5 cm breit und enthält durchschnittlich ca. 119 Eier [8]. Die Eianzahl kann aber erheblich schwanken.

Ein EPS-Eigelege auf Eichenrinde mit der Schuppenabdeckung. *Foto: Wolfgang Rohe*

Die Eier sind weißlich gefärbt (s. Abb. S. 12), ca. 1 mm groß und am oberen Ende abgeflacht. So ergibt sich eine einheitliche flache Oberseite des Geleges. Diese Oberfläche wird mit Schuppen vom weiblichen Hinterleib bedeckt und verklebt. Dadurch erhält das Gelege eine unregelmäßige gräuliche Färbung. Diese entspricht oft recht genau der Unterlage, sprich der Eichenrindenfärbung, weshalb die Gelege nicht leicht zu erkennen sind. Vom Boden aus mit einem Fernglas sind sie nicht zu sehen. Hier muss man einen Hubsteiger einsetzen. Im Herbst startet schon die Entwicklung des Nachwuchses, sodass ein fertiges Eiräupchen im Ei überwintert. An tiefe Wintertemperaturen und leichte Spätfrost-Ereignisse ist der EPS gut

Die jahreszeitliche Entwicklung des Eichenprozessionsspinners in Deutschland

Farbhinterlegung der Jahresmonate: Phänologie der Stieleiche (*Quercus robur*)

	Jan.		Feb.		März		April		Mai		Juni		Juli		August		Sep.		Okt.		Nov.		Dez.	
	Eigelege mit fertig entwickelten Eiräupchen																							
							1. Larvenstadium (= Eiraupe) & 2. Larvenstadium. Keine Brennhaare																	
									3. bis 6. Larvenstadium. Mit zunehmender Anzahl von Brennhaaren (Setae). Bildung von Gespinstnestern am Baumstamm, seltener auch am/im Boden				Gespinstnester mit Raupenhäutungsresten und Puppenwaben zerfallen langsam und setzen dabei die darin enthaltenen Brennhaare (Setae) kontinuierlich abnehmend frei											
											Puppe (meist im Gespinstnest)													
													Falter. Hauptflugzeit: August											
													Eigelege meist an dünnen Ästchen in der Baumkrone											
Gefährdung der Bevölkerung durch Brennhaare	g	g	g	g	g	g	g	g	an	s	s	s	h	h	h	n	m	m	ab	g	g	g	g	g

Raupenentwicklung insgesamt 66 bis 87 Tage (überwiegend temperaturabhängig)

Gefährdungskategorisierung der Bevölkerung durch Brennhaare: g = gering; ab = abfallend; m = mittel, n = noch hoch; h = hoch; s = sehr hoch; an = ansteigend (entspricht der Stufe mittel).

Bei einem alten, zerfallenen Eigelege kann man deutlich die weißen Eier unter dem Schuppenmantel erkennen. Gut zu sehen sind auch die Ausschlupflöcher der Larven. *Foto: Wolfgang Rohe*

angepasst. Bis zu −28 °C können die Räupchen in den Eiern unbeschadet überstehen. (verändert nach [9][10][11][6][12]).

Der Schlupf der Raupen ist temperaturabhängig. Bei warmen Frühlingsverlauf kann dies, nach aktuellen Beobachtungen, schon Anfang April sein. Dadurch können die ca. 1,8–2,5 mm langen Eiräupchen die sich öffnenden Blattknospen der Eiche nutzen und in den Knospen die Blattmasse verbrauchen. Bei starkem Befall kann dadurch der Blattaustrieb ausfallen [13]. Nach Meurisse et al. [14] können die Eiräupchen 18 Tage und nach Wagenhoff et al. [15] bis zu drei Wochen hungern. Der Schlupf innerhalb eines Geleges ist zeitlich einheitlich. Zwischen den verschiedenen Gelegen sind aber mehrere Wochen Unterschied möglich. Dadurch können die diversen Populationen flexibel auf sich ändernde Umweltfaktoren reagieren.

Es treten 6 Raupenstadien auf [9]. Die Raupenentwicklungs-Zeitspanne beträgt 66–87 Tage (www2). Gleich nach dem Schlupf schließen sie sich zu den typischen „Prozessionen“ zusammen. Beim Kriechen halten schon die jungen Raupen ständig Kontakt zum Vorder- und Hinterräupchen über ihre lange Körperbehaarung. Beim Vorwärtskriechen wird der vordere Raupenkörper angehoben und gleichzeitig der Kopf geneigt (s. Abb. S. 13). So bleibt der Haarkontakt zum vorderen Räupchen erhalten. Danach läuft die Bewegung über den Raupenkörper nach hinten. Diese Wellenbewegung ahmt zeitversetzt die nachfolgende Raupe nach. So kommt die typische kriechende Wellenbewegung in der Prozessionsschlange zu Stande. Dieses gemeinschaftliche Marschieren wird „Prozession“ genannt. Taktile Reize, über die Haare vermittelt, sind also entscheidend für die geordnete Marschreihe. Zusätzlich bilden die ineinander gesteckten Haare der verschiedenen Raupen einen guten Schutz gegen natürliche Feinde wie z. B. Raupenfliegen. Diese können dann nicht ihre Eier auf der Raupenunterseite im vorderen Bereich ablegen. Oft sitzt die Raupenfliege in der Nähe von Raupen-Marschkolonien und beobachtet sehr aufmerksam den Zusammenhalt der Larven. Reißt die Formation auf, so attackiert die Raupenfliege sofort und sehr schnell

Die typische wellenförmige Fortbewegung der EPS-Raupen. *Foto: Wolfgang Rohe*

die ungeschützte Raupe (siehe QR_Code, Video: Denis Ekarius).

Schon die Eiräupchen können Seide produzieren. Sie überziehen damit das Eigelege, die Wanderwege auf der Rindenoberfläche (s. Abb. S. 14), Zweigwinkel, teilweise die Fraßblätter usw. Die Seidenfäden dienen also der Orientierung, dem Schutz, aber auch zum Abseilen (s. Abb. S. 16), als Schwebefäden bei Störungen, zum Ausweichen bei hoher Raupendichte oder bei Nahrungsmangel aufgrund entlaubter Baumbereiche. Nach der Literatur sollen sich die Eiraupen tagsüber und zur Häutung in kleine, nestartige Ansammlungen aus locker versponnenen Blättern und Zweigen zurückziehen [4] und abends gemeinsam in Prozessionen zur Nahrungsaufnahme zu den Blättern wandern [10]. Eigene Beobachtungen zeigten durchaus eine regelhafte Tagesaktivität der Eiraupen. Schon am Schlupftag wandern die Eiraupen vom Gelege zu den Fraßplätzen. Sind die Knospen noch geschlossen, so verbleibt die Eiraupenprozession für wenige Stunden dort und unternimmt danach eine weitere Prozession tagsüber zur nächsten Knospe. Dies bestätigt auch Wagenhoff [12]. Dieses Suchverhalten wird als Anpassung an die Variabilität der Blattentfaltung bei Eichen innerhalb eines Baumes interpretiert [97]. Sobald eine Eiraupengemeinschaft auf eine Knospe trifft, bei der sich die Knospenschuppen zu lockern beginnen, wird ein Loch in die Schuppen genagt und die Knospe von innen ausgehöhlt [12]. In geschlossene Knospen können die Eiraupen nicht eindringen. Die oft niedrigen Nachttemperaturen können diese Suchexpeditionen der Raupenprozessionen verhindern. Der Schwellenwert liegt bei ca. 4 °C für die koordinierte Fortbewegungsweise von EPS-Raupen [14].

Die Eilarve (L1) hat eine glänzend-schwarze Kopfkapsel. Das erste Brustsegment ist im Rückenbereich („Nacken") mit einer dunkelbraunen Spange geschützt. Ansonsten ist die Körpergrundfärbung orange. Die Eiraupe trägt lange und mittellange schwarze raue Haare (s. Abb. S. 14) im Rückenbereich ab dem 3. und 4. Segment. Sie sitzen auf dunklen Warzenfeldern, die in vier Reihen auf dem Rücken angeordnet sind. In der späteren Larvalentwicklung entstehen dort die Felder mit den sehr kurzen Brennhaaren (ca. 0,2 mm).

3 Tage nach dem Schlupf sind die Laufwege der Larven schon intensiv mit Raupenseide überzogen. Duftstoffe der Eiche spielen keine Rolle bei der Orientierung der Raupen. *Foto: Wolfgang Rohe*

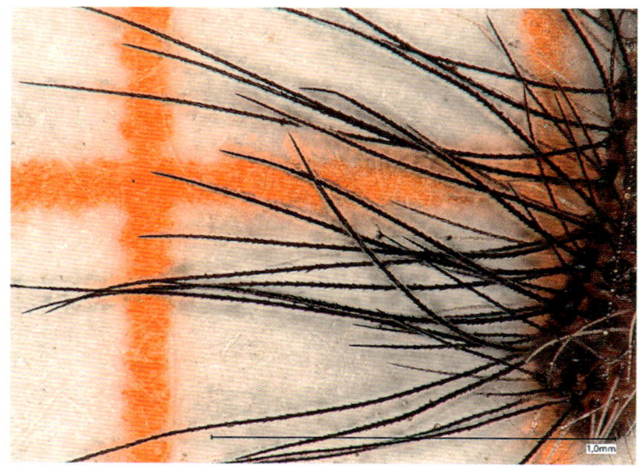

Die schwarzen, körperlangen Rückenhaare der Eiraupen sind mit kleinen Fortsätzen versehen. Dadurch werden z. B. Wassertropfen vom Raupenkörper ferngehalten. *Foto: Wolfgang Rohe*

Im Foto stark vergrößerte EPS-Eiräupchen einen Tag nach dem Schlupf auf dem Eigelege. An der vorderen Raupe sieht man die zahlreichen langen weißen Haare am Vorderende. Sie sind nach vorne gerichtet, um den Kontakt zur Vorgängerin in der Kolonne zu halten. Deutlich sind auch die nach oben gerichteten körperlangen schwarzen Haare und die halblangen nach vorne gerichteten schwarzen Haare sowie Brust- und Bauchbeine zu sehen. Im Bildvordergrund ist die ursprüngliche Abdeckung des Eigeleges durch Schuppen des Weibchens sowie das darüber gesponnene Seidenfaden-Netz der Eiraupen erkennbar. *Foto: Wolfgang Rohe*

Die nach oben gerichteten und bogig geschwungenen schwarze Haare können ebenso lang sein wie die Raupe selbst (ca. 1,8 mm). Sie sind bis zu doppelt so dick wie die weißen Haare. Wahrscheinlich dienen sie der Parasitenabwehr. Aber auch Regentropfen werden durch sie abgehalten und verhindern so die Auskühlung der Raupe. Die halblangen schwarzen Haare sind nach vorne außen gerichtet. Weiße Haare sind dagegen auf allen Segmenten. Sie richten sich nach vorne im vorderen Körperabschnitt und dienen der Kontakthaltung zur Vorderraupe beim Prozessionsmarsch. An der Körperseite sind weiße Haare nach hinten und halbschräg nach oben gerichtet und ebenso orientiert sind die weißen Haare am Körperende. Die seitlichen weißen Haare haken sich in die halblangen schwarzen Haare der parallel laufenden Raupen ein. So können sich die Raupen ineinander verhakt, exakt nebeneinander in parallelen Reihen, fortbewegen. Das Körperende und die Brustbeine sind dunkelbraun gefärbt. Die Bauchbeine sind beige mit einer dunkleren Spange (s. Abb. S. oben).
Aufgrund der starken Behaarung der kleinen Raupen und ihrem Verhalten, geklumpt und bewegungslos zusammen zu sitzen, sind sie gut getarnt. Sie wirken wie ein filzig behaarter Zweig (s. Abb. S. 16). Das

Eiräupchen an ihrem Schlupftag am Ende eines Zweiges. Sie verharren bewegungslos und reagieren nicht auf Zweigbewegungen oder den Wind. Sie imitieren dadurch einen filzigen Belag der Zweige und sind für Fressfeinde kaum wahrnehmbar.
Foto: Wolfgang Rohe

Das Foto zeigt EPS-Raupen im zweiten Larvenstadium am 24. April 2019 in Rühen (Niedersachsen) an einem Eichenzweig im besonnten Kronenbereich. Aufgrund der Störung seilt sich eine Raupe links unten im Bild ab. In dieser Entwicklungsphase tragen die Tiere noch keine Brennhaare.
Foto: Wolfgang Rohe

Eigelege ist meist in geringer Distanz zum Zweigende (meist nur 6 cm) und damit zu den Blättern. Deshalb sind die Wanderungen im L1-Stadium kurz und zeitlich eng begrenzt. Die Bewegungen der Raupen sind fließend und unauffällig.

Das zweite Raupenstadium (L2) zeigt schon die graue Färbung mit dunkelgrauem bis schwarzem Rücken.

Ab dem 3. Raupenstadium (L3) tragen sie die mikroskopisch kleinen, sogenannten „Brennhaare". Diese werden auch als „Gifthaare" oder „Spiegelhaare" bezeichnet. Der letztere Name ist auf die Bezeichnung der samtschwarzen Rückenzeichnung zurückzuführen. Diese ist in der Literatur auch als „Spiegel" bekannt. Die behaarte Struktur kann unter einem bestimmten Lichteinfallwinkel Licht reflektieren. Für das menschliche Auge sind die Brennhaare unsichtbar. Sind sehr viele Haare in der Luft, so kann man auf kurze Distanz im Sonnenlicht ein „Flirren" wahrnehmen. Dies beruht auf der Lichtbrechung der Brennhaare. Bei trocken-warmem Wetter können sie über weite Strecken (mehrere Kilometer nach Stigter et al. [4]) durch Luftströmungen verfrachtet werden [16]. Tatsächlich sind sie allerdings keine Haare, sondern Setae (siehe Kapitel „Gesundheitliche Gefahren"). Die Raupen bleiben meist nachtaktiv. Regional kann aber auch eine ausgeprägte Tagesaktivität beobachtet werden. Ab dem dritten Raupenstadium bauen sie Nester am Stamm und in Astgabelungen oder in dunklen Eichen-Beständen auf Starkästen im Kronenbereich [98]. Zur Orientierung spinnen die Raupen mehrere Meter lange und auffällige Seidenbahnen vom Nest zu den Fraßplätzen (siehe QR-Code. Video: Geller-Grimm). Mit zunehmender Größe wölbt sich das Nest aus und wird dann als Kotsacknest bezeichnet. Die Außenwand aus mehreren Lagen Raupenseide verhindert weitgehend den direkten Zugriff von Prädatoren auf die Raupen. Kohlmeisen durchlöchern allerdings diese Seidenwand bei ihrer Suche nach Beute. Die Raupen-Färbung ist blaugrau oberhalb der seitlichen Atemöffnungen (Stigmen) und unterhalb grünlich-graublau. Die den ganzen Raupenkörper bedeckenden langen weißen Haare entspringen aus rötlichen Warzen. Der Kopf ist schwarz-bräunlich gefärbt. Das letzte Raupenstadium erreicht eine Länge von 24 mm [4]. Mit zunehmenden Häutungen zeigt die Raupe immer mehr lange Haare und ebenso mehr kurze Brennhaare auf den samtartigen vierteiligen Feldern im dunklen Rückenstreifen. Sie befinden sich bei L3 am 11. Segment, bei L4 am 10. und 11. und bei L5 sowie L6 am 4. bis 11. Segment [9]. Die Länge der Gifthaare beträgt 0,106 mm im Stadium L3, 0,135 mm (L4), 0,165 mm (L5) und 0,213 mm (L6). Im letzten Stadium trägt die Raupe ca. 630.000 Haare [7]. Diese werden kontinuierlich freigesetzt und vermehrt bei Störungen. Bei anderen Prozessionsspinnerarten werden nur bei Störungen Brennhaare freigesetzt. Die Raupe wehrt sich gegen Attacken mit ruckartigen seitlichen Vorderteil-Bewegungen. Diese sind nur sehr begrenzt erfolgreich. Auf diese Abwehrbewegungen sind Parasitoide vorbereitet.

Mit wachsender Raupenzahl bilden sich immer mehr parallele Marschreihen aus. Bei fast erwachsenen Raupen können bis zu 30 Individuen-Reihen nebeneinander laufen und bis zu 10 m lange Marschkolonien entstehen [11]. Im Stadium der Massenvermehrung marschieren die Raupen zunehmend bei Tageslicht. Dabei werden auch andere Baumarten und Sträucher belaufen. In diesem Stadium erfordert die extreme Brennhaar-Belastung zwingend eine umfassende und fachgerecht durchgeführte Bekämpfung im urbanen Bereich oder in gut besuchten Waldeinrichtungen. Auch angrenzende landwirtschaftliche Flächen und deren Pflanzen sind dann kontaminiert. Dies kann entsprechend negative Folgen haben, wenn sie z. B. als Futter für Milchkühe verwendet werden.

Durch die täglichen Einwanderungen der Raupen aus verschiedenen Gelegen schließen sich viele Tiere zusammen und nutzen ein beutelförmiges Nest. Die Nester können mehrere Meter hoch sein (s. Abb.

S. unten links) und von tausenden Individuen bewohnt sein. Darin sind auch Häutungsreste (Exuvien) und Exkremente. Manchmal ist das Nest auch am Stammfuß. Bei Nahrungsmangel oder hohen Temperaturen werden zusätzlich kleinere Bodennester (s. Abb. S. 19) angelegt. Diese können leicht übersehen werden und bergen deshalb eine besondere Gefahr für Menschen.

Oft bilden sich die meterlangen EPS-Gespinstnester unter dem Astansatz. *Foto: Wolfgang Rohe*

Altes EPS-Gespinstnest im Zerfall mit gut sichtbaren Puppenwiegen. *Foto: Wolfgang Rohe*

Oft sind die kleinen EPS-Bodennester leicht zu übersehen. *Foto: Wolfgang Rohe*

Verlassenes letztjähriges und im Zerfall begriffenes Kotnest mit Häutungsresten (Exuvien) der letzten Larvenstadien. *Foto: Wolfgang Rohe*

Die weiblichen Raupen verzehren im Laufe ihrer Entwicklung durchschnittlich 8 (6–11) Eichenblätter oder 2,3 g Blattmasse. Die männlichen Raupen verbrauchen im Mittel 7 (6–8) Eichenblätter oder 1,9 g Blattmasse. Je mehr Nahrung die Weibchen aufnehmen können, desto größer ist die Anzahl der abgelegten Eier. Die Raupenentwicklung (66–87 Tage) ist in der Regel Mitte bis Ende Juni abgeschlossen (leicht verändert nach [9]).

Die Verpuppung erfolgt Mitte Juni/Anfang Juli und findet meist in dem gut geschützten Nestbereich statt. Die Raupen spinnen sich in hellbraune bis ockerfarbenen Kokons ein. Diese können dicht gedrängt stehen und feste, wabenartige Strukturen (s. Abb. S. 18) bilden.

Die Puppenbildung kann auch unter Rinde oder Moos am Stammfuß (www9) oder am Boden erfolgen. Die Puppe ist ockergelb bis braun und hat eine Länge von 1,5 cm. Am stumpfen Analende hat sie 2 gekrümmte Dornen. Die Puppenruhe dauert 20–46 Tage. Ein kleiner Teil der Puppen (ca. 3 %) tritt in Diapause und überliegt, d. h. die Falter schlüpfen erst in 1 bis 2 Jahren. Dies sind meist Weibchen [9].

Nach dem Ausflug der Falter (Anfang Juli bis Anfang August) bleiben die Verpuppungsnester mit der Raupenseide, den Raupenhäuten sowie den Brennhaaren noch jahrelang an den Bäumen. Es geht von ihnen, zunehmend schwächer werdend, eine gesundheitliche Gefahr aus.

2.3 Systematik

Die Schmetterlingsarten (Lepidoptera) der Prozessionsspinner gehören zur Familie der Zahnspinner (Notodontidae). In Deutschland gibt es 34 Zahnspinner-Arten (www2). Sie leben meist an Laubhölzern. Zahlreiche Arten sind auch an dicht besiedelte Räume angepasst und können als Kulturfolger eingestuft werden. Man findet sie in Parks, Gärten, Alleen und auf Friedhöfen. Dies ist auch der Grund, warum man viele dieser Arten immer wieder, sogar mitten in Großstädten, als Falter an Straßenlaternen sieht (verändert nach [11]).

Innerhalb dieser Familie gehört der EPS zur Unterfamilie der Prozessionsspinner (Thaumetopoeinae). Diese tragen ab dem 3. Larvalstadium Brennhaare mit humanpathogenen Substanzen auf einigen Rückensegmenten als Verteidigungsstrategie gegen räuberische Wirbeltiere.

In Deutschland sind die Prozessionsspinner mit zwei ähnlich aussehenden Arten vertreten:

- *Thaumetopoea processionea* (Linnaeus, 1758) – Eichen-Prozessionsspinner
- *Thaumetopoea pinivora* (Treitschke, 1834) – Kiefern-Prozessionsspinner (s. Abb. S. 21).

Beide Arten können in sehr hoher Populationsdichte auftreten und dadurch forstwirtschaftliche Schäden verursachen. Allerdings ist der Kiefern-Prozessionsspinner z. Z. nicht sehr häufig in Deutschland und sein Vorkommensgebiet ist auf kleinere ostdeutsche Bereiche beschränkt.

In der Schweiz und in Österreich fehlt dagegen der Kiefern-Prozessionsspinner. Dafür kommt zusätzlich der Pinien-Prozessionsspinner (*Thaumetopoea pityocampa*) vor. Alle drei Nachtfalter-Arten tragen ab dem 3. Raupenstadium Brennhaare auf dem Rücken.

Weltweit existieren noch weitere gesundheitsrelevante Prozessionsspinnerarten. Diese können durch Materialimporte ungewollt eingeführt werden (www11).

Das Männchen des Kiefern-Prozessionsspinners Thaumetopoea pinivora (TREITSCHKE, 1834). Die äußere dunkle Binde auf dem Vorderflügel zeigt am hinteren Ende zum Falterkörper. Die dunkle Binde auf dem Hinterflügel ist meistens nicht vorhanden oder nur sehr schwach erkennbar. Wissenschaftliche Sammlung Sektion Entomologie II, Senckenberg Forschungsinstitut und Naturmuseum Frankfurt am Main.
Foto: Wolfgang Rohe

3,5 cm

Das Weibchen des Kiefern-Prozessionsspinners Thaumetopoea pinivora (TREITSCHKE, 1834). Wissenschaftliche Sammlung Sektion Entomologie II, Senckenberg Forschungsinstitut und Naturmuseum Frankfurt am Main.
Foto: Wolfgang Rohe

Folgende Namen trägt der EPS in Europa:

britischer Sprachraum: oak processionary moth; cluster caterpillars; oak processionary; oak processionary caterpillar

Frankreich: processionnaire du chêne

Spanien: procesionaria de la encina; procesionaria del roble

Italien: Processionaria della quercia

Die Niederlande: Eikenprocessierups

(ergänzt nach www5)

2.4 Nahrung der EPS-Raupen und Baumschäden

Die EPS-Raupe lebt fast ausschließlich an Eichen (Quercus). Sie ernährt sich von den Blättern. Hartblättrige Eichen wie die Stein-Eiche (*Quercus ilex*) scheint sie zu meiden. Fraß an Nicht-Eichen unter den Buchengewächsen (Fagaceae) sind sehr seltene Ausnahmen im Zuge von Massenvermehrungen (www3). Die Raupen schaben die obersten Blattschichten ab. Dadurch entsteht zuerst ein Lochfraß, danach ein Fensterfraß und zuletzt bleiben nur noch Mittelrippe und Blattadern stehen (www10); (s. Abb. S. unten). Die Fraßblätter werden typischerweise mit feiner Raupenseide überzogen und darin findet man Kotpartikel (s. Abb. S. 23).

Das zweite Raupenstadium sitzt geklumpt um die zerfressenen Eichenblätter am Zweigende (24. April 2018 in Rühen).
Foto: Wolfgang Rohe

Der Eichenprozessionsspinner gehört zur Eichen-Frühjahrsfraßgesellschaft [17]. Die Larven von den nachfolgenden Schmetterlingsarten beginnen mit dem Blattfraß Anfang April oder etwas später gleichzeitig mit dem Eichenlaubaustrieb. Dazu gehören der Eichenwickler (*Tortrix viridana*), der Kleine oder Gemeine Frostspanner (*Operophtoma brumata*), der Große Frostspanner (*Erannis defoliaria*) und einige Frühlingseulen (z. B. Orthosia spec.).

Des Weiteren gehören diese Arten gemeinsam mit dem Schwammspinner (*Lymantria dispar*) zu den wichtigsten Faktoren der Eichen-Komplexkrankheit. Der Larvenfraß der genannten Arten führt bei massenhaftem Auftreten zum Kahlfraß an den Eichen. Die leichteren Arten (Eichenwickler sowie Kleiner und Großer Frostspanner) verpuppen sich schon Ende Mai (Eichenwickler & Kleiner Frostspanner) oder Mitte Juni (Großer Frostspanner). Danach kann die Eiche in der Regel ihren Johannistrieb bilden. Diese neuen Blätter fallen aber noch in die Raupenfraßzeit vom Eichenprozessionsspinner (Verpuppung ab Mitte Juni) und noch länger in die Fraßzeit des Schwammspinners (Verpuppung erst Ende Juni). Dieser Kombinationsfraß bedeutet eine erhebliche Gefahr für die Eiche. Oft kommt noch der eingeschleppte Eichenmehltau (*Erysiphe alphitoides*) (s. Abb. S. 24) als zusätzliche Belastung hinzu.

Frisch gebildete Eichenblätter ohne gut entwickelte Kutikula können vom Eichenmehltau stark befallen und zerstört werden. Eichen, die nach Kahlfraß der Schmetterlingsarten in besonderem Maße auf die Revitalisierung über die Regenerationstriebe angewiesen sind, werden so besonders stark getroffen und verlieren in wiederholten, erfolglosen Versuchen des Wiederaustriebs wichtige Reservestoffvorräte [18].

Aufgrund dieser Schwächung (Prädisposition) können sich Käfer wie z. B. der Zweifleckige Eichenprachtkäfer (*Agrilus biguttatus*) und der Eichensplintkäfer (*Scolytus intricatus*) in den Baum einbohren und

Ein junges Eichenblatt von EPS-Eiraupen benagt. Man erkennt den Überzug mit Raupenseidenfäden und darin eingelagert Raupenkot. Durch die Überspannung der Blattlöcher mit Raupenseide ist der Belauf durch die Larven deutlich erleichtert. *Foto: Wolfgang Rohe*

das Kambium zerstören. Diese Abfolge endet meist tödlich für die Eiche und wird als „Eichensterben" bezeichnet. Bei fehlendem Käferbefall, aber weiteren Stressfaktoren wie Trockenheit, kann der Eichelertrag (Mast) im Herbst erheblich niedriger ausfallen. Dies wirkt sich wiederum indirekt auf die Nahrungs-Verfügbarkeit der Mäuse, Eichhörnchen und Wildschweine aus [19].

Der Eichenmehltau Erysiphe alphitoides. (15. September 2019, Hardegsen). Foto: Wolfgang Rohe

Der Eichenprozessionsspinner und der Eichenwickler sind Nahrungsspezialisten im Gegenteil zu den polyphagen Arten wie den beiden Frostspannern und dem Schwammspinner, d.h. Frostspanner und Schwammspinner können sich auch auf anderen Laubbäumen entwickeln (der Letztere sogar auf Nadelbäumen). Man findet bei Massenvermehrungen zwar vereinzelt EPS-Nester auch auf anderen Laubbäumen zwischen den Eichen, aber eine Reproduktion wurde bisher von den Autoren nicht beobachtet.

Der EPS zeigt eine zunehmende Tendenz zur Massenvermehrung in vielen Regionen Deutschlands. Auch insbesondere im urbanen Bereich ist eine deutliche Zunahme zu beobachten. Hier sind die gesundheitlichen Beeinträchtigungen durch seine Brennhaare der Hauptschaden.

Durch die zahlreichen Raupen während einer Massenvermehrung kommt es zum Kahlfraß. Durch den Nahrungsmangel und die mit der hohen Individuendichte verbundenen hohe Parasitierungsrate als auch Prädation bricht die EPS-Population zusammen. Zurück bleiben allerdings die umfangreichen Nester mit den Häutungsresten, den Puppenhüllen und den Raupenhüllen mit den Millionen Brennhaaren. Diese Wirkung bleibt über mehrere Jahre und über die zunehmende Distanz abfallend erhalten.

2.5 Natürliche Regulation der EPS-Populationen durch Antagonisten

Gärten, Grünanlagen, Straßenbegleitgrün und Abstandsflächen in Wohnblockzonen werden unter dem Aspekt eines möglichst geringen Pflegeaufwands angelegt und gestaltet. Immer stärker in den Vordergrund treten dabei immergrüne Hecken, Sträucher und Bäume, weil sie ganzjährigen Sichtschutz und kaum herbstlichen Laubfall bedeuten. Rhododendren und zuletzt in zunehmendem Maße Hecken aus Kirschlorbeer sind für die Erhaltung der Avifauna und Artenvielfalt besonders ungeeignet, weil sie weder Brutplätze noch Nahrung bieten. Heutige Gärten werden außerdem durch arten- und blütenarme Rasenflächen dominiert. Eine häufige, meist maschinelle Mahd verhindert das Aufwachsen von Blütenpflanzen und die Samenreife, so dass die Rasenflächen mit Ausnahme von Regenwürmern kaum Insekten oder Sämereien als Nahrung für Vögel bieten. Auch kommt es immer wieder zu Anfahrschäden im Stammfußbereich der Bäume. Zunehmend werden Gärten komplett mit Pflastersteinen oder Kiesschüttungen versiegelt, um auch die Rasenpflege zu umgehen. Einen weiteren Beitrag zur Verarmung der Gärten und Grünanlagen leisten Laubbläser oder -sauger. In regelmäßigen Abständen werden dabei Teile der Vegetation, Kleintiere und Laub vollständig entfernt; zurück bleibt kahler Boden. Diese Entwicklungen haben einen grundlegenden Wandel und Verarmung in der Vogel-, Fledermaus- und Insektenwelt unserer Einfamilienhausgebiete, Gärten und Grünanlagen ausgelöst (leicht verändert nach [20]). Insbesondere Insekten fressende Tiere wurden dadurch drastisch dezimiert. Gut belegt ist dies für unsere heimischen Vögel (Nationaler Bericht nach Art. 12 Vogelschutzrichtlinie für Deutschland 2019; www13). Aber auch andere Insekten konsumierende Tiergruppen sind in ihrem Bestand rückläufig (Fledermäuse und Insekten selbst).

In naturnahen Ökosystemen reguliert eine Vielzahl von Antagonisten die Größe einer Insektenpopulation. Der EPS weist eine große Anzahl von natürlichen Feinden auf. Eine Massenvermehrung wird oft, aber nicht immer, schon im Vorfeld unterdrückt. Tritt sie trotzdem auf, so wächst zeitlich verzögert auch die Anzahl der natürlichen Regulatoren mit und führt letztlich zum Zusammenbruch der Gradation. Allerdings entfalten die Regulatoren erst nach mehreren Jahren der Massenvermehrung ihre Wirkung. Die dazu erforderliche Zeit ist im urbanen Bereich bei Gesundheitsschädlingen nicht möglich. Hier müssen Akutmaßnahmen ergriffen werden.

Antagonisten des Eichenprozessionsspinners können nach der Art ihres Angriffs in Pathogene, Parasiten, Parasitoide, Prädatoren unterschieden werden. Unter dem Begriff Pathogene finden sich Viren und Mikrosporidien. Wagenhoff [12] schätzt den potentiellen Einfluss auf die EPS-Populationen durch Pathogene (im Regelfall) gering ein.

2.5.1 Viren

Viren sind keine Organismen, sondern Erbinformation in einer Proteinhülle ohne eigenen Stoffwechsel. Als insektenpathogene Viren sind die Baculoviren von besonderer Bedeutung. Sie sind auf Gliedertiere, und zwar in der Regel sehr eng auf wenige Arten innerhalb einer Wirtsfamilie, spezialisiert. Insekten infizieren sich, indem sie mit Viren kontaminierte Nahrung aufnehmen (horizontale Übertragung). Durch diese Art der Aufnahme der Viren ist das Wirtsspektrum eingeschränkt auf Insekten mit kauend-beißenden Mundwerkzeugen, vor allem Raupen. Räuberische Insekten erkranken nicht. Von Kern-Polyederviren und Granulo-Viren infizierte Schmetterlingsraupen wandern zu den höher gelegenen Teile ihrer Wirtspflanzen („Wipfeln", „Wipfelkrankheit") und sterben dort in charakteristischer Haltung: Der erschlaffte Körper hängt, von den Bauchfüßen am Substrat gehalten, nach unten („Schlaffsucht") [21].

2.5.2 Mikrosporidien (Protozoa)

Mikrosporidien gehören zu den eukaryotischen Einzellern. Sie sind obligate Parasiten. Mit Hilfe von Dauerstadien (Sporen) überbrücken sie ungünstige Perioden [21].

In einem zweijährigen Screening an verschiedenen Standorten in Ostösterreich konnten in neun von 18 Populationen Mikrosporidiosen in EPS-Raupen nachgewiesen werden. Die Erkrankungshäufigkeiten (Prävalenzen) lagen zwischen 1,9 % und 15,4 %. Folgende Gattungen wurden bestimmt: Endoreticulatus, Nosema, Cystosporogenes und Vairimorpha. In einem Laborversuch wurden Schwammspinner-Raupen (*Lymantria dispar*) mit Endoreticulatus-Mikrosporidien infiziert. Diese Raupen zeigten einen langsamen Krankheitsverlauf, der aber mit deutlich erhöhter Sterblichkeit verbunden war. Nur 26 % der Tiere entwickelten sich zu Imagines. In einem Freilandversuch wurden Endoreticulatus-Sporen auf Blätter von *T. processionea* befallenen Eichen ausgebracht. Die Infektion war erfolgreich, allerdings auf niedrigem Niveau – die maximale Infektionsrate lag bei 9,5 % [22]. In einer zweiten Untersuchung in den Jahren 2009 und 2010 in Belgien (Flandern), Frankreich (Champagne-Ardennen, Lothringen und Elsass) sowie in Deutschland (Bayern und Sachsen-Anhalt) konnten in 65 % der untersuchten Populationen Mikrosporidien nachgewiesen werden. Von den Populationen mit Mikrosporidien zeigten 31 % eine Durchseuchung unter 5 %, 46 % eine Durchseuchung von 5–10 % und 23 % eine Durchseuchung von über 10 % [23]. Oft überleben die Raupen den Befall mit Mikrosporidien.

Ein wesentliches Problem für den Einsatz von Mikrosporidien in der EPS-Bekämpfung ist die Notwendigkeit der Produktion in lebenden Wirten. Hinzu kommt die geringe Virulenz, die Mikrosporidien als Biopestizide wenig attraktiv erscheinen lassen (schriftl. Mitt. Gernot Hoch 2020).

2.5.3 Insekten (Insecta)

Räuber (Prädatoren) töten ihre Beute und verzehren sie. Meist sind sie so groß oder größer als ihre Beuteorganismen. Räuberische Ameisen (Formicidae) können dagegen sogar wesentlich größere Tiere überwältigen. **Parasiten** konsumieren Teile von ihrem Beuteindividuum, ohne es zu töten. Die Parasiten sind meist erheblich kleiner als ihre Wirtstiere. Viele Hautflügler (Hymenoptera) und Zweiflügler (Diptera) verhalten sich intermediär. Sie zehren zuerst von ihren Wirten wie Parasiten und schonen lebenswichtige Organe. In der Endphase ihrer Entwicklung aber töten sie ihren Wirt. Man bezeichnet sie als **Parasitoide**. Fast alle Prädatoren, Parasiten und Parasitoide unter den Insekten leben ihrerseits wieder von Insekten (Entomophagie). Viele davon sind als Gegenspieler (Antagonisten) von Schadinsekten auch von wirtschaftlicher Bedeutung. Die meisten Insektenarten sind flexibel in ihrer Ernährungsweise. Viele wechseln den Ernährungstyp in verschiedenen Stadien ihrer Entwicklung, d. h. die Larve kann z. B. als Parasitoid in einem Wirtstier leben und das erwachsene Insekt wiederum ernährt sich von Blütennektar [24]. Der Reduktionseffekt auf die Beute- bzw. Wirtspopulation tritt zeitlich verzögert auf. Die Regulation erfolgt in der Regel in der Latenz- und Retrogradationsphase. Lokal kann z. B. durch Waldameisen an einem Baum die Massenvermehrung unterdrückt werden. Allerdings erstreckt sich diese Wirkung nicht auf den Nachbarbaum. Die hügelbauenden Waldameisen sind in ihrem Sammelgebiet ein populationsdynamisch bedeutsamer Regulator für phytophage Kerbtiere. Durch indirekte Förderung der Honigtauproduktion im Wald werden viele räuberische und parasitoide Insekten angelockt. Insofern haben Waldameisen eine bienenwirtschaftliche und eine waldhygienische Bedeutung, die größer ist als ihr Forstschutzeffekt [25].

Die Auswirkungen der natürlichen Gegenspieler des EPS werden insgesamt meist deutlich unterschätzt [4].

Die jahreszeitliche Entwicklung des Eichenprozessionsspinners in Deutschland unter Berücksichtigung der natürlichen Feinde

Farbhinterlegung der Jahresmonate: Phänologie der Stieleiche (*Quercus robur*)

	Jan.	Feb.	März	April	Mai	Juni	Juli	August	Sep.	Okt.	Nov.	Dez.
	Eigelege mit fertig entwickelten Eiräupchen											
				Larven								
						Puppen						
							Falter					
							Eigelege meist an dünnen Ästchen in der Baumkrone					
Antagonisten (Auswahl)												
Käfer				Kleiner und **Großer Puppenräuber**; Vierpunktiger Aaskäfer								
Fliegen				**Raupenfliegen** als Parasitoide in EPS-Raupen und räuberische Raupen-Plattbauchschwebfliegenlarven								
Hautflügler				**Waldameisen**								
			Erzwespen als Parasitoide in Eiern, Larven & Puppen									
				Brack- und Schlupfwespen als Parasitoide in Larven & Puppen								
Wanzen			Räuberische Wanzen an Eiern & Larven									
Vögel				**Kohlmeise**; Meisen; Buntspecht; Kuckuck			Ziegenmelker; Kohlmeise					
Fledermäuse							**Nächtliche Jagd** auf EPS-Falter					

Raupenentwicklung insgesamt 66 bis 87 Tage (überwiegend temperaturabhängig).
Die fett hervorgehobenen Antagonisten haben eine besondere Bedeutung als natürliche Feinde des Eichenprozessionsspinners.

2.5.3.1 Netzflügler (Neuroptera)

Polyphage Räuber können ohne Probleme die ungeschützten ersten zwei Larvenstadien des EPS erbeuten. In Laborversuchen in den Niederlanden konnte wiederholt der erfolgreiche Beutezug von **Grünen Florfliegen**-Larven (***Chrysoperla carnea***) an EPS-Raupen filmisch dokumentiert werden (www6). Das Adulttier der Grünen Florfliege nimmt dagegen Blütennektar, Pollen und Honigtau auf.

2.5.3.2 Wanzen (Heteroptera)

Die beiden gehölzbewohnenden Sichelwanzenarten (Nabiden), die Baum-Sichelwanze *Himacerus apterus* (Fabricius, 1798) und die Ameisen-Sichelwanze *Himacerus mirmicoides* (O. Costa, 1834), könnten die EPS-Eier und die Jungraupen als Beute nehmen. Beide Arten sind sehr häufig und in allen Regionen anzutreffen (Schriftl. Mitt. Simon 2020).

Die Imagines und älteren Larvenstadien von der **Baum-Sichelwanze (*H. apterus*)** (s. Abb. S. 30), der größten einheimischen Himacerus-Art (8,6–11,5 mm), leben in höheren Vegetationsschichten, vor allem auf Sträuchern und Bäumen, sowohl Laub- als auch Nadelgehölzen. Die jungen Larven halten sich auch in der Krautschicht in Bodennähe auf. Die Imagines sind zwar auch am Tage laufaktiv, die Hauptaktivität ist aber nachts.

In der Nahrungswahl ist diese Sichelwanze nicht spezialisiert. Das Beutespektrum umfasst sowohl kleine Objekte wie Blattläuse, Blattflöhe, Milben und Insekteneier als auch größere wie z. B. Raupen, Käferlarven und andere weichhäutige Arthropoden, die aber nicht die Körpergröße der Wanze überschreiten dürfen. Man kann die Tiere auch an Pflanzengewebe saugen sehen, wahrscheinlich dient dies aber nur der Wasseraufnahme [26]. Die 7,0–8,7 mm große **Ameisen-Sichelwanze (*H. mirmicoides*)** kommt in sehr unterschiedlichen Biotoptypen vor: Man findet die Art sowohl an trocken-warmen Offenlandstandorten mit niedriger Krautschicht als auch an feuchteren, durch Gehölzbewuchs beschatteten Orten. In Norddeutschland ist die Art nur an wärmebegünstigten Stellen anzutreffen. Larven und Imagines können am Boden jagen, sind aber auch in den Kronen von Laub- und Nadelbäumen anzutreffen. Häufig findet man die Imagines in der Strauchschicht. Eine Spezialisierung auf bestimmte Beutetiergruppen scheint nicht vorzuliegen [26].

Ebenso kommt die häufige **Rotbeinige Baumwanze *Pentatoma rufipes*** L. (Pentatomide = Baumwanzen) als EPS-Raupen-Prädator in Betracht (Schriftl. Mitt. Simon 2020). Sie ist bis zu 15 mm groß und ein Bewohner der Baumkronen von Laub- und Nadelgehölzen. Häufig besiedelte Laubbäume sind Birke, Hasel, Erle, Hainbuche, Eiche, Buche und Obstbäume, seltener findet man die Art auch auf Nadelbäumen. Sie ist zoophytophag, d. h. sie ernährt sich von Knospen, jungen Trieben und reifenden Früchten sowie von Insekten-Eiern, Larven und Puppen von Insekten oder toten Arthropoden [27].

Weitere Miriden (Weichwanzen, Blindwanzen), wie die baumbewohnenden Deraeocoris-Arten, sind ebenfalls potenzielle EPS-Prädatoren (Schriftl. Mitt. Simon 2020).

Ebenfalls als Antagonist kommt sicher der weitverbreitete **Waldwächter *Arma custos*** (Fabricius, 1794) (Pentatomidae = Baumwanze) in Frage (s. Abb. S. 30). Er lebt an trockenen bis feuchten Standorten auf Laubgehölzen, nur ausnahmsweise auf Nadelbäumen, bevorzugt in sonnigen Lagen an Waldrändern oder auf einzeln stehenden Bäumen. Beutetiere sind vor allem Schmetterlings-, Blattwespenraupen und Blattkäferlarven (Chrysomelidae), so wurde das Aussaugen von Larven von *Agelastica alni* (L.) (Erlenblattkäfer) beobachtet. Auch erwachsene Blattkäfer und Marienkäfer (Coccinellidae) werden überwältigt (Schriftl. Mitt. Morkel 2020 und [27]).

Weitere Arten, die zumindest jüngere EPS-Larvenstadien besaugen könnten, sind die Eiche bewohnenden Miriden ***Cyllecoris histrionicus*** (Linnaeus, 1767) und ***Dryophilocoris flavoquadrimaculatus*** (De Geer, 1773). Eventuell werden die EPS-Eier auch von Gehölz bewohnenden Blumenwanzen (Anthocoris-Arten) besaugt. Vermutlich kommen auch weitere, auf die Eiche spezialisierte Wanzenarten, die sich mixophag (sowohl tierische als auch pflanzliche Nahrung aufnehmend) ernähren, als EPS-Antagonisten in Frage (Schriftl. Mitt. Morkel 2020).

Die häufige Baum-Sichelwanze Himacerus apterus (Fabricius, 1798) *Foto: Carsten Morkel*

Als EPS-Räuber nachgewiesen wurden folgende Wanzenarten.

Die ersten und zweiten EPS-Raupenstadien werden von der **Eichen-Schmuckwanze – *Rhabdomiris striatellus*** (Fabricius, 1794) (s. Abb. S. 30) erbeutet [28]. Die Weichwanze (Miridae) hat eine Körperlänge von 7,0–8,5 mm. Die Wanze saugt als Larve an den Blütenknospen und Pollensäcke der Eichen sowie an verschiedenen Kräutern, die sich unter den Eichen befinden und ab Mitte Mai/Juni ernährt sie sich als flugaktives erwachsenes Tier vorwiegend von Blattläusen, Zikaden- oder Wanzenlarven und Schmetterlingsraupen (z. B. auch Wicklerraupen). Unter den eichenbewohnenden Eiüberwinterern ist die Eichen-Schmuckwanze eine der sich am schnellsten entwickelnden Arten, so dass in manchen Jahren schon kurz vor Mitte Mai Imagines auftreten können. Einzelne Weibchen leben dann bis in den Juli hinein. Die Eiablage erfolgt vor allem in der ersten Junihälfte in die weiblichen Blütenknospen der Wirtsbäume, die dadurch meist absterben. Die Eichen-Schmuckwanze ist in allen Bundesländern häufig vertreten ([29]; www14).

Der räuberische und weitverbreitete Waldwächter Arma custos (Fabricius, 1794). *Foto: Carsten Morkel*

Die Eichen-Schmuckwanze – Rhabdomiris striatellus (Fabricius, 1794). *Foto: Carsten Morkel*

Die nachfolgenden Wanzen (Spitzbauchwanze sowie Geringelte Mordwanze) jagen alle EPS-Raupenstadien [9].

Spitzbauchwanze (s. Abb. unten) ***Troilus luridus*** (Fabricius, 1775) (Pentatomidae = Baumwanzen). Die baumbewohnende Spitzbauchwanze kommt in Laub- und Nadelwäldern, in Alleen, auf einzelnstehenden Bäumen, an feuchten Sumpf-, Wiesen- und Waldrändern oder Hainbuchen-Wallhecken vor. Larven und adulte Tiere vorwiegend räuberisch lebend, gelegentlich auch Pflanzensäfte saugend. Beutetiere: Schmetterlingsraupen (Forleulen-, Nonnenraupen und -puppen), Hautflügler- (z. B. Blattwespen) und Käferlarven (z. B. Blattkäfer) sowie adulte Käfer. Die Stechborsten haben Widerhaken, so dass Beutetiere freihängend während des Aussaugens gehalten werden können ([30], [27]).

Die Spitzbauchwanze Troilus luridus (Fabricius, 1775). *Foto: Carsten Morkel*

Raubwanzen (Reduviiden) orten sich bewegende Schmetterlingsraupen visuell und mittels Substratvibration. Bewegungslose Raupen werden mit dem Geruchssinn gefunden. Bevor sie sie anstechen, ertasten sie mit den Antennen ihre Beute [24].

Geringelte Mordwanze (s. Abb. S. 32) ***R. annulatus*** Linnaeus, 1758. Die Raubwanze (Reduviidae) ist 12,0–14,8 mm groß und bewohnt ein breites Spektrum von trockenen bis feuchten Biotoptypen. Die Larven können auch am Boden und in der Krautschicht vorkommen, die Adulttiere sind an Gehölze gebunden. Sie sind auf Waldlichtungen, in lichten Beständen, an Waldrändern oder am Rand von Hecken zu finden. Dort sitzen sie oft auf Blüten, um auf blütenbesuchende Insekten zu lauern oder streifen auf der Suche nach Nahrung in der Kraut- und Gehölzschicht umher, sowohl auf Nadel- als auch auf Laubbäumen und Sträuchern. Häufig werden Schmetterlings- und Blattwespenraupen sowie Blattkäferlarven erbeutet. Generell halten sich die jungen Larven mehr versteckt am Boden auf, die älteren und die Imagines in höheren Schichten ([26] und schriftl. Mitt. Morkel 2020).

Die Geringelte Mordwanze Rhynocoris annulatus LINNAEUS, 1758. *Foto: Carsten Morkel*

2.5.3.3 Käfer (Coleoptera)

Die wichtigste Art ist der Große Puppenräuber *Calosoma sycophanta* (LINNAEUS, 1758) (Coleopt., Carabidae = Laufkäfer). Als weitere Räuber treten auf: der Kleine Puppenräuber *Calosoma inquisitor* (LINNAEUS, 1758) und der Vierpunktige Aaskäfer *Dendroxena quadrimaculata* (SCOPOLI, 1772) (Coleoptera, Silphidae = Aaskäfer), auch Vierpunktiger Raupenjäger genannt [9].

Der Lebenszyklus des **Großen Puppenräubers *Calosoma sycophanta*** (LINNAEUS, 1758) (Coleopt., Carabidae) ist sehr gut auf das plötzliche Massenauftreten seiner Beutetiere abgestimmt: So vergehen von der Eiablage bis zur Puppenruhe durchschnittlich weniger als drei Wochen [31]. Er greift als Laufkäfer-Larve (s. Abb. S. 33) vor allem die Eichenprozessionsspinner-Raupen im Gespinstnest an, während der adulte Käfer besonders die fressenden und wandernden Schmetterlingsraupen erbeutet. Er kann zwischen 6 und 92 % der Raupen erbeuten [9]. Der flugfähige ca. 17,5–30 mm große Käfer (verändert nach [32]) kann vier Jahre alt werden und 200–400 Raupen jährlich vertilgen. Der bedeutende Schädlingsregulator ist in Deutschland leider stark reduziert worden durch ausgedehnte Pestizideinsätze in Kombination mit

Präparat einer Larve des Großen Puppenräubers (Calosoma sycophanta). Foto: Wolfgang Rohe

Der Große Puppenräuber (Calosoma sycophanta) ist in seiner Körperlänge variabel. Foto: Wolfgang Rohe

dem langfristigen kontinuierlichen Rückgang offener Waldstrukturen [31]). Seine Hauptbeute sind Raupen und Puppen von Schwammspinner (*Lymantria dispar*), Nonne (*Lymantria monacha*), Goldafter (*Euproctis chrysorrhoea*), Kieferspinner (*Dendrolimus pini*), Forleule (*Panolis flammea*) sowie Prozessionsspinnern (*Thaumetopoea processionea* und *T. pinivora*)[33].

Der **Kleine Puppenräuber *Calosoma inquisitor*** (Linnaeus, 1758) ist ca. 13–22 mm groß [32] und ebenfalls flugfähig. Er jagt am Tage und in der Nacht gehölzbewohnende Nachtfalterraupen im Gebüsch, an Baumstämmen und im Kronenbereich von Bäumen. Er tritt schwerpunktmäßig in Laubwäldern wärmebegünstigter Lage auf. Die Larven leben ebenfalls räuberisch. Auch der Kleine Puppenräuber ist in seinem Bestand erheblich zurückgegangen [33].

Der Kleine Puppenräuber (Calosoma inquisitor). *Foto: Wolfgang Rohe*

Alle Puppenräuber-Arten sind durch das Bundesnaturschutzgesetz streng geschützt.

Anders als seine verwandten Arten ernährt sich der **Vierpunkt-Raupenjäger *Dendroxena quadrimaculata*** (LINNAEUS, 1758)(Synon. *Xylodrepa quadripunctata*) räuberisch. Der 12–14 mm große Käfer stellt ab April an besonnten Waldrändern, Gebüschen und in Niederwäldern Raupen nach, z. B. denen des Eichenprozessionsspinners und des Schwammspinners. Die ca. 20 mm lange Käferlarve ist ebenfalls ein Insektenräuber. Vorwiegend in Eichenwäldern des Flachlandes vorkommend [34].

Der Vierpunkt-Raupenjäger (Dendroxena quadrimaculata) in Aufsicht. *Foto: Wolfgang Rohe*

Der Vierpunkt-Raupenjäger (Dendroxena quadrimaculata) in Seitenansicht. Gut ist die abgeflachte Körpergestalt zu erkennen. *Foto: Wolfgang Rohe*

In Laborversuchen wurden EPS-Eiraupen auch von Larven des Zweipunkt-Marienkäfers (*Adalia bipunctata*) erbeutet (www7). Die Tiere werden gewerblich gezüchtet und als biologische Schädlingsbekämpfer insbesondere gegen Blattläuse vermarktet (www8).

2.5.3.4 Zweiflügler (Diptera)

2.5.3.4.1 Schwebfliegen (Syrphidae)

Die Schwebfliegen-Larven haben, wie alle Fliegenmaden, zurückgebildete Beine und eine stark reduzierte Kopfkapsel. Die Larven vieler Syrphiden-Gattungen leben von anderen Tieren, sind also fleischfressend (karnivor). Meist sind sie wenig spezialisiert. Sehr oft werden Blattläuse in großer Zahl erbeutet. Nur Xanthandrus hat sich auf Schmetterlingsraupen spezialisiert [35]. Die erwachsenen Schwebfliegen dagegen ernähren sich alle von Pollen, Nektar und Honigtau. Vor allem Blüten, die ihren Nektar so offen anbieten wie die meisten Doldenblütler (Apiaceae), gelten als typische „Fliegenblumen". Aber auch andere Blüten werden von Schwebfliegen angeflogen [36].

Die Larven der **Raupen-Plattbauchschwebfliege – *Xanthandrus comtus*** (Harris, 1780) (s. Abb. S. 36) können alle EPS-Raupenstadien als Beute nutzen [28].

Das Weibchen der Raupen-Plattbauchschwebfliege Xanthandrus comtus (Harris, 1780).
Foto: Peter Mansfeld

Raupen-Plattbauchschwebfliegen sind auf Wiesen, in der Nähe von Bächen in Auen, in Gärten und an Waldrändern in der Nähe von Laubwäldern (gerne auch Eichenwäldern) zu finden. Die Weibchen legen ca. 400 Eier ab. Die Larven schlüpfen 3–4 Tage nach der Eiablage und benötigen 11–20 Tage bis zur Verpuppung. Die Verpuppung findet auf Pflanzen (z. B. Grashalme, Birken, Eschen) statt. Die Puppenruhe wiederum dauert etwa 10–15 Tage. Ausgewachsene Raupen-Plattbauchschwebfliegen können u. a. an Angelika, Ackerdistel, Wilder Möhre, Pastinak, Bärenklau und Brombeerblüten beobachtet werden. Die *Xanthandrus comtus*-Larven ernähren sich räuberisch insbesondere von Schmetterlings-, Blattwespen- und Blattkäferlarven (www15).

Die Larve der Raupen-Plattbauchschwebfliege Xanthandrus comtus (Harris, 1780) ist oberseits teilweise durchsichtig und gewährt Einblick auf die Verdauungsorgane. Die blattgrüne Grundfärbung und die zusätzliche weiße Doppelstreifung sind gestaltsauflösend. In Ruhestellung kringelt sich die Raupe ein und ähnelt stark Vogelkot. Links ist das Vorderende mit den stechend-saugenden Mundwerkzeugen.
Foto: Francisco Rodriguez Luque, www.biodiversidadvirtual.org

2.5.3.4.2 Raupenfliegen (Tachinidae)

Im Beziehungsgefüge natürlicher und naturnaher Ökosysteme nehmen die Raupenfliegen eine wichtige Stellung als Regulativ der Gliedertierpopulationen ein. Auch in der Forst- und Landwirtschaft Mitteleuropas sind sie als Gegenspieler der Raupen von Schwammspinner, Nonne, Kieferneule, Kieferspanner, Kieferspinner, Kleinem Frostspanner und Erdeulen von Bedeutung [37].

Die Larven der Raupenfliegen entwickeln sich als Parasitoide im Inneren des jeweiligen Wirtes (meistens dem Larvalstadium) und sind besonders wirksam als biologische Regulatoren von Schadorganismen wie z. B. dem EPS. Allgemein findet man in der Literatur immer wieder die Angabe, dass es sich bei den adulten Tachiniden um Blütenbesucher handelt [38]. Hierzu haben die adulten Raupenfliegen als Mundwerkzeug meist einen kurzen Rüssel zur Nahrungsaufnahme ausgebildet. Deshalb sind sie auf Schirmblüten und andere Blumen mit leicht zugänglichem Nektar oder Pollen angewiesen. Solche flachen Nektarien sind vorzugsweise bei Doldenblütlern wie z. B. dem Bärenklau (Heracleum) und der Wilden Möhre (*Daucus carota*) vorhanden, die insbesondere im Sommer zahlreich von den Fliegen besucht werden [30]. Im Frühjahr hingegen sind sie auf verschiedenen Weidenarten (Salix) zu finden. Ein entsprechend gestalteter Waldrand, Feldrain oder Straßenbegleitgrün lockt daher eine Vielzahl von Raupenfliegenarten und weiteren Antagonisten von Nachtfaltern an (verändert nach [30]). Viele waldbewohnende Raupenfliegenarten sind jedoch nur selten auf Blüten zu finden. Sie tupfen überwiegend Honigtau, Pflanzensäfte oder Wasser auf [39]. Vorhandene oder angesiedelte Waldameisen fördern Honigtau-Produzenten wie z. B. Rindenläuse (Lachnidae). Davon profitieren auch Raupenfliegen und räuberische Insektengruppen [40]. Allgemein kann eine artenreiche Insektenfauna schneller und effektiver auf Massenvermehrungen von Schadorganismen reagieren.

Die Larvalentwicklung der Raupenfliegen dauert üblicherweise mehrere Wochen. Einige Arten können sich schnell entwickeln [30], andere brauchen deutlich länger, insbesondere wenn sie ein Ruhestadium (Diapause) durchlaufen.

Sind bei Massenvermehrungen des EPS chemische Bekämpfungsmaßnahmen erforderlich, ist eine frühzeitige Durchführung direkt nach dem Schlupf der jungen Eiraupen anzustreben, weil zu dieser Zeit die Raupenfliegen noch als Puparien in den Bodenschichten oder in den Gespinstnestern liegen (verändert nach [30]).

Häufig aus Raupen des EPS gezogen werden folgende Tachiniden-Arten, die ihre jeweils eigene Strategie der Parasitierung der Raupen entwickelt haben:

Pales processioneae (Ratzeburg, 1844) legt ihre sehr kleinen Eier auf den Blättern befallener Eichen ab. Diese werden dann von den EPS-Raupen beim Blattfraß aufgenommen. In den Niederlanden und Süddeutschland wurden Parasitierungsraten von 20 % beobachtet [4]. *P. processioneae* (s. Abb. unten) ist in erster Linie ein Parasitoid von *Thaumetopoea processionea*. Sie kann sich aber auch in einigen anderen Nachtfaltern entwickeln ([41], S. 207–208). Ihre Biologie ist ähnlich wie bei der häufigeren Art ***Pales pavida*** (Meigen, 1824) (siehe [42], [41], S. 198 ff.). Diese Art ist ebenfalls gelegentlich aus dem EPS nachgewiesen worden, aber sehr viel seltener aus diesem Wirt als *P. processioneae* ([41], S. 206). Bei den älteren Literaturangaben von *P. pavida* aus dem EPS dürfte es sich wohl oft um fehlbestimmte *P. processioneae* handeln.

Die direkt wirtsbelegende Raupenfliege ***Phorocera grandis*** (Rondani, 1859) (s. Abb. S. 38) erreichte in Baden-Württemberg in einem unbehandelten Eichenwald 33–70 % Parasitierung von EPS-Raupen in den Jahren 2010 und 2011 [15](s. Abb. S. 38). Sie wird vor allem aus EPS-Raupen gezüchtet [43], entwickelt sich aber auch in einigen anderen Nachtfalterfamilien ([41], S. 39).

Ein Pales processioneae-Weibchen.
Foto: Joachim Ziegler

Phorocera grandis.
Foto: Eiko Wagenhoff

Ein Ei von Phorocera grandis auf dem Rücken einer EPS-Raupe. Üblicherweise wird das Ei auf der Raupenunterseite im vorderen Bereich abgelegt. *Foto: Eiko Wagenhoff*

Carcelia iliaca (RATZEBURG, 1844) (s. Abb. S. 39) legt ihre Eier auf EPS-Raupennester ab (in Südeuropa auch auf Nester anderer Arten von *Thaumetopoea*). Nach dem Schlupf bohren sich die jungen Larven durch das Gespinst in die Raupen [43]. Sie ist in Berlin die wichtigste Raupenfliege als Gegenspieler des EPS und wurde am häufigsten in Jahren mit hoher Populationsentwicklung der Eichenprozessionsspinner nachgewiesen (www46).

Compsilura concinnata (MEIGEN, 1824) ist sehr *polyphag* in zahlreichen Schmetterlingsarten, auch solchen mit stark behaarten Raupen wie dem EPS ([41], S. 86). Die Art belegt ihre Wirte mit einem Legebohrer [42].

Zenillia libatrix (PANZER, 1798) ist ein *polyphager Parasitoid*, der häufig auch aus EPS-Raupen zu züchten ist ([41], S. 195–196).

Ein Carcelia iliaca-Weibchen in direkter Nähe zu einer älteren EPS-Raupe. *Foto: Eiko Wagenhoff*

Seltener als Parasitoide des EPS werden genannt:

Phryxe semicaudata (Herting, 1959) ist eine meist seltene, aber offensichtlich beim EPS spezifische Art, die in Europa nordwärts bis Österreich und Mähren bekannt geworden ist ([41], S. 127). Die Angabe von *Phryxe vulgaris* aus dem EPS ([41], S. 136) ist wahrscheinlich unzutreffend, da es sich um eine Verwechslung mit *P. semicaudata* gehandelt haben wird.

Die sehr häufige ***Blondelia nigripes*** (Fallén, 1810) entwickelt sich polyphag in zahlreichen Schmetterlingsarten ([41], S. 61–71). Auch aus dem EPS wird sie gelegentlich erwähnt ([41], S. 70), es ist aber noch nicht überprüft, ob sich diese Angaben nicht in Wirklichkeit auf die kürzlich erkannte *Blondelia pinivorae* (Ratzeburg, 1844) beziehen ([41], S. 71).

Winthemia venusta (Meigen, 1824) ist eine sehr seltene Art, die zumindest in einem einzigen gesicherten Fall auch aus dem EPS gezogen worden ist (siehe [41], S. 97). Der Wirtskreis dieser Art ist noch ziemlich unzureichend erforscht.

Sehr unsichere und wahrscheinlich in den meisten Fällen unzutreffende Angaben aus der Literatur betreffen die Arten ***Exorista segregata*** (Rondani, 1859) ([41], S. 26), ***Bessa paralella*** (Meigen, 1824)

([41], S. 42), ***Platymya fimbriata*** (Meigen, 1824) ([41], S. 185), ***Eumea linearicornis*** (Zetterstedt, 1844) ([41], S. 186), und ***Masicera sphingivora*** (Robineau-Desvoidy, 1830) ([41], S. 234).

Die südliche Art ***Phryxe caudata*** (Rondani, 1859) ist ein häufiger Parasitoid des Pinienprozessionsspinners und anderer südeuropäischer Arten der Gattung *Thaumetopoea*. Aus dem EPS gibt es aber bislang keinen Nachweis (siehe [41], S. 114–115).

2.5.3.5 Hautflügler (Hymenoptera)

Unter den Hautflüglern mit Wespentaille (Apocrita) finden wir zahlreiche natürliche Feinde (Antagonisten) von Schmetterlingen (Lepidoptera).

Zum einen als Räuber (Prädatoren) wie z. B. Waldameisen (*Formica polyctena*) oder als Parasitoide wie z. B. Erz- und Schlupfwespen.

Die Einwirkungen der räuberischen **Waldameisen** (Formicidae: ***Formica polyctena*** und ***F. rufa***) auf pflanzenfressende Insekten sind gut belegt. In Abhängigkeit von der Waldameisen-Nestentfernung ist der Einfluss auf Schmetterlings-Raupen und Blattwespen-Larven unterschiedlich stark. Je näher zum Ameisennest, desto stärker ist die Reduktion der Schadorganismen-Larven (s. Abb. unten).

Göbel [40] konnte in Wäldern der Eifel (Rheinland-Pfalz) eine Reduktion der Schmetterlings-Raupen und phytophagen Blattwespen-Larven um 60 % bei 0–25 m, und von ca. 50 % bei einer Nestentfernung

Rechts und mittig im Bild ist der Waldameisen-Belaufbaum (am Baumfuß befindet sich das Ameisennest) mit seinen dunklen Blättern zu sehen. Es ist das erste Laub des Baumes und wurde nicht durch den EPS geschädigt. Links im Bild erkennen wir den EPS-Kahlfraß und den frischgrünen Johannistrieb an der benachbarten Eiche mit EPS-Befall (29. Juni 2018, Rühen). *Foto: Wolfgang Rohe*

Eine Waldameisen-Arbeiterin (Formica polyctena) beim Besuch ihrer Symbiose-Partner (Große Distelblattlaus, Uroleucon jaceae).
Foto: Martin Wittmann

von 25–45 m feststellen. In weiteren Untersuchungen (Kienzler 1981 aus [40]) an hügelbauenden Waldameisen auf Raupen wurden diese Befunde bestätigt. In Ameisennestnähe wurden ebenfalls 60 % der Raupen erbeutet. Bei großen Raupen (dazu zählen auch EPS-Raupen) wurden sogar 90 % von den Waldameisen entnommen. Offensichtlich bevorzugen die Ameisen größere Beutetiere. In Südschweden wurde im Umkreis von 20 m Nestentfernung 80 % der Nonnenfalter-Raupen (Größe und Behaarung vergleichbar mit EPS-Raupen) durch hügelbauende Waldameisen erbeutet [25]. In Honigtau armen Jahren (sprich Trockenperioden) wurde der Eintrag von Schmetterlings-Raupen in die Waldameisen-Nester verstärkt. Steigt die Raupendichte, erhöhen die Waldameisen ebenfalls den Raupeneintrag [40]. Obwohl die hügelbauenden Waldameisen selbst räuberisch sind, erhöht sich die Anzahl weiterer räuberischer und parasitoider Insektenarten in Nestnähe. Sehr wahrscheinlich ist die wesentliche Erhöhung und Stetigkeit des Honigtau-Angebots der entscheidende Anlockungsfaktor, der auch die Prädationsgefahr durch Waldameisen aufwiegt. Viele parasitoide waldbewohnende Insekten (z. B. Raupenfliegen) nehmen als Imagines Honigtau auf. Spinnen werden in Waldameisennestnähe nicht reduziert [40]. Ameisen betreute Honigtau-Produzenten sind für Parasitoide besonders attraktiv. Neben der anlockenden Wirkung von Honigtau steht auch die Verlängerung der Lebensdauer und die Steigerung der Fertilität (Fruchtbarkeit) der Parasitoiden [44].

Die Larven der **Parasitoiden** ernähren sich an oder in den Wirtsinsekten. Dabei befallen sie Eier, Larven, Puppen oder Imagines. Die ausgewachsenen Hautflügler dagegen suchen Pollen und/oder Nektar in Blüten oder extrafloralen Nektarien. Die aufgenommene Nahrungsmenge wirkt sich allgemein positiv auf die Anzahl der abgelegten Eier aus. Zu nennen sind Erzwespen (Chalcidoidea) und Schlupfwespen (Ichneumonidea).

Die meist kleineren, metallisch schimmernden **Erzwespen** sind mit zahlreichen Arten bei uns vertreten. Die unterschiedlichsten Lebensweisen sind bei ihnen anzutreffen. Sie können auch räuberisch oder Hyperparasitoide sein [45]. In der Regel tragen sie keinen deutschen Namen.

Die beim Eichenprozessionsspinner nachgewiesenen Erzwespenarten können meist noch weitere Wirtsarten nutzen:

In EPS-Eiern: ***Ooencyrtus masii*** (MERCET, 1921) (Encyrtidae)
Anastatus bifasciatus (GEOFFROY, 1785) (Eupelmidae) (s. Abb. unten)
Psychophagus omnivorus (WALKER, 1835) (Pteromalidae)
Trichogramma sp. (Trichogrammatidae)

EPS-Raupen: ***Monodontomerus aereus*** WALKER, 1834 (Torymidae)
Parasitiert auch in *Diprion similis, Euproctis chrysorrhea, Lymantria dispar, Megachile rotundata* und *Tortrix viridana* (www23) sowie *Malacosoma neustria* [46]
Monodontomerus minor (RATZEBURG, 1848) (Torymidae)

EPS-Puppen: ***Dibrachys microgastri*** (BOUCHÉ, 1834) (Pteromalidae), Puppenektoparasit
Pteromalus puparum LINNAEUS, 1758 (Pteromalidae)

[6]

Ein Weibchen der Erzwespe Anastatus bifasciatus (GEOFFROY, 1785) (Eupelmidae) aus einem EPS-Gelege aus Danndorf (Niedersachsen).
Foto: Wolfgang Rohe

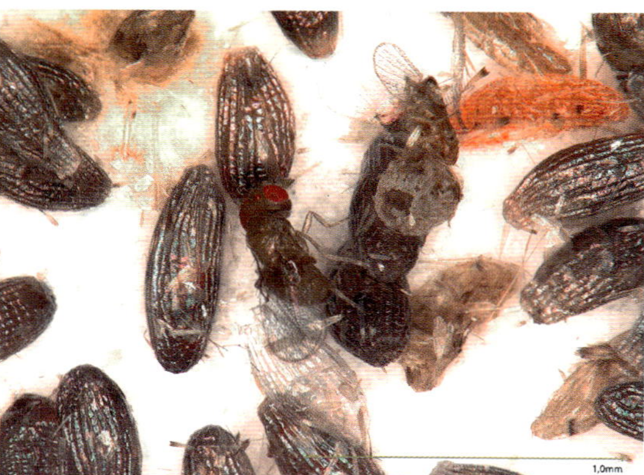

Die sehr kleine Ei-Parasitoide Trichogramma cacacioae. Zuchttiere von AMW Nützlinge GmbH (Pfungstadt).
Foto: Wolfgang Rohe

Eine Erzwespe (Monodontomerus cf. aereus) auf dem EPS-Kotnest. Diese Abbildung ist im gleichen Maßstab wie die untere Abb. Die Erzwespe ist also wesentlich kleiner als die Schlupfwespe.
Foto: Fritz Geller-Grimm

Siehe dazu auch die Filmsequenz QR-Code, Video: Geller-Grimm

Eine Schlupfwespe (Pimpla turionellae) auf dem EPS-Kotnest. Sie steht auf der Raupenseide des Nestes und taxiert eine EPS-Raupe.
Foto: Fritz Geller-Grimm

Die Ichneumonidea (**Brack- und Schlupfwespen**) sind dagegen wesentlich einheitlicher in ihrer Lebensweise. Alle sind Parasitoide, meist in Insekten. Der Stechapparat (Ovipositor) hat bei den parasitären Hautflüglern oft eine Doppelfunktion. Neben der Eiablage wird durch ihn auch Gift injiziert, um den Wirt zu lähmen. Eine längere Lähmungswirkung ist meist bei den Arten zu beobachten, die das Ei außen am Wirt platzieren. Sie hindern ihn dadurch, das Ei abzustreifen. Schlupfwespen, die ihre Eier in den Wirt einstechen, immobilisieren ihn meist nur kurzzeitig. Ein gelähmter Wirtsorganismus ist eine leichte Beute für Prädatoren [45]. Einige Arten spritzen zusätzlich mit dem Ei auch viröse Partikel in den Wirt. Diese interagieren mit dessen Immunsystem, schwächen ihn und verhindern körpereigene Abwehrreaktionen (z. B. Einkapselung des Eindringlings)[24].

Folgende Ichneumonidea-Arten wurden beim EPS nachgewiesen:

In EPS-Raupen: ***Pimpla processioneae*** (Ratzeburg, 1849) (Ichneumonidae).
Diese Art ist spezialisiert auf EPS-Raupen [47]
Pimpla rufipes (Miller, 1759) (Ichneumonidae).
Diese Art ist ein generalistischer Räuber [47]
Lissonota clypeator (Gravenhorst, 1820) (Ichneumonidae)
Neischnus germari (Ratzeburg, 1849) (Ichneumonidae)
Meteorus versicolor (Wesmael, 1835) (Braconidae)
Rogas rossicus Kukujev, 1898 (Braconidae)

In EPS-Puppen: ***Pimpla turionellae*** Linnaeus, 1758 (Ichneumonidae)

([6] und [4])

2.5.4 Wirbeltiere

2.5.4.1 Vögel (Aves)

Die ersten zwei EPS-Larvenstadien können von einer Vielzahl von Vögeln genutzt werden. Beobachtet wurden: Kohl- und Blaumeise, Rotkehlchen, Sperlinge, Zaunkönig, Kleiber und Gartenbaumläufer ([28] und [7]).

Bei Untersuchungen in Holland wurden EPS-Raupen in der dritten Entwicklungsphase von Kohlmeise, Sperlingen, Star, Dohle, Baumläufern, Kuckuck und Pirol erbeutet. Die höheren Entwicklungsstadien der EPS-Raupen waren Nahrung für Kohlmeise, Gartenbaumläufer, Kuckuck, Pirol, Spechte, Eichelhäher und die Elster [28].

Vogelarten wie z. B. der Buntspecht (*Dendrocopos major*) können bei Massenvermehrungen von Schmetterlingsarten (hier Schwammspinner *Lymantria dispar*) mit einer Verdopplung ihrer Brutpaardichte reagieren und so die ergiebige Nahrungsquelle zur Brutaufzucht nutzen [48].

Ebenfalls in weiterer Literatur wurden folgende Prädatoren aller Stadien der Prozessionsspinnerlarven beschrieben: der Häherkuckuck (*Clamator glandarius*), der Kuckuck (*Cuculus canorus*), der Pirol (*Oriolus oriolus*), der Wiedehopf (*Upupa epops*), die Haubenmeise (*Lophophanes cristatus*), die Tannenmeise (*Periparus ater*) und die Kohlmeise (*Parus major*) [49] sowie Sperlinge [7].

Der **Häherkuckuck** ist kein Brutvogel in Deutschland und tritt nur sehr selten als Irrgast auf. Er ist bei uns also kein Antagonist für den Eichenprozessionsspinner.

Allgemein stellen Schmetterlingslarven ca. 75 % der Kuckucks-Nahrung. Der **Kuckuck** kann alle Larvenstadien von Prozessionsspinnern nutzen. Die Brennhaare zeigen keine Wirkung bei ihm, da die Magenschleimhaut die Brennhaare bindet und herausgewürgt werden kann. Zusätzlich streift er die Raupen-Brennhaare am Boden oder an Zweigen ab. Er erbeutet überwiegend große Larven, auch aus dem Seidennest [49].

Der schön gefärbte **Pirol** mit seinem charakteristischen Ruf ist ein seltener Brutvogel in Deutschland geworden. Er verfüttert behaarte Schmetterlingsraupen an seine Jungen. Durch Einspeicheln werden diese für die Nestlinge leichter schluckbar präpariert [50]. Für die effektive Bekämpfung der EPS-Raupen ist der Pirol zu selten.

Der **Wiedehopf** sucht seine Nahrung am Boden. Deshalb ist er ein wichtiger Prädator der Puppen des Pinien-Prozessionsspinners. Auch er streift die Brennhaare vor der Aufnahme in den Verdauungstrakt ab. Für den EPS ist er kaum ein Antagonist.

Die **Haubenmeise** zeigt eine enge Bindung an Nadelwälder. Insofern ist sie nicht relevant für den auf Eichen vorkommenden EPS.

Die **Tannenmeise** ist in Mitteleuropas Mischwäldern weit verbreitet. Sie benötigt Nadelbäume im Wald. Bruten können auch in Siedlungen und Obstgehölzen vorkommen. Bruthöhlen können mitunter nur bis zu 2,2 m auseinander liegen. In der warmen Jahreszeit ernährt sie sich vorwiegend bis ausschließlich von Insekten und Spinnen [51]. Ihr Magen kann bis zu 60 % mit Pinien-Prozessionsspinnerraupen gefüllt sein [49]. Eigene Beobachtungen zur Erbeutung von EPS-Raupen liegen nicht vor.

Untersuchungen in Portugal zeigten, dass **Kohlmeisen** Pinien-Prozessionsspinner-Larven (*Thaumetopoea pityocampa*) aus dem Seidennest picken [52]. Kohlmeisen nutzen Eier, alle Larvenstadien und die Falter von Prozessionsspinnern. Der Mageninhalt kann aus 60–90 % aus Prozessionsspinnern bestehen [49]. In Deutschland erbeutet sie regelhaft EPS-Raupen.

In Befallsgebieten wurde eine Abnahme der Singvögel beobachtet. Dafür sollen die Kuckucke verantwortlich sein [7]. Wahrscheinlicher wurden die Nestlinge durch die wandernden EPS-Raupen geschädigt und die Singvögel gaben die Brut auf. Vergleichbare Nestaufgaben von brutwilligen Vögeln sowie das Verlassen von Fledermauskästen traten in Schwammspinner-Kalamitätsflächen wiederholt auf [53]. Deshalb sollten Nist- und Fledermauskästen nicht in die befallenen Bäume gehängt werden. Hinzu kommt ein indirekter Effekt durch den Kahlfraß der Schmetterlings-Raupen. Die Nester von Singvögeln verlieren dadurch ihre Deckung und die Nestlinge können leicht durch Krähen und Elstern erbeutet werden [53].

Die EPS-Falter werden von dem Ziegenmelker, der Kohlmeise, den Grasmücken, dem Rotkehlchen, der Amsel und dem Pirol erbeutet [28]. Der Lebensraum des gefährdeten und selten gewordenen Ziegenmelkers (*Caprimulgus europaeus*), oft auch Nachtschwalbe genannt, ist halboffenes Waldland in trockenwarmer Lage. In Wirtschaftswäldern werden nur Jungwuchsflächen, Lichtungen, Windwürfe und Waldbrandflächen genutzt. Früher auch im Weidewald und im Niederwald. Sucht zum Nahrungserwerb häufig offene Felsensteppen und Rebflächen auf. Er jagt in der Dämmerung sowie während der Nacht und erbeutet hauptsächlich Nachtfalter. Daneben auch andere fliegende Insekten. Oft fliegt er in Bodennähe, z. B. an Waldrändern, Ufergehölzen, aber auch an Straßen, wo Insekten durch Lichtquellen angelockt werden (www1). Als EPS-Prädator ist er nur lokal aufgrund seiner geringen Verbreitung geeignet.

2.5.4.2 Fledermäuse (Microchiroptera)

Alle heimischen Fledermausarten ernähren sich von Gliedertieren. Das Stadium der nachtaktiven Falter wird von diversen Fledermausarten genutzt. Die nach Bundesnaturschutzgesetz (BNatSchG) streng geschützten Fledermäuse können in größerer Anzahl und Aktivität den Fluginsekten nachstellen. Die Wirbeltiere müssen jede Nacht Insektenmengen in der Höhe der Hälfte ihres Köpergewichts erbeuten. Sie spielen als Regulatoren von Falterpopulationen eine wichtige Rolle.

Die Insektendichte darf einen bestimmten Wert nicht unterschreiten, da sonst das Verhältnis vom Energieaufwand für den Jagdflug und dem Energiegewinn durch die Nahrungsaufnahme ungünstig wird. Unterschreitet die Nahrungsdichte diesen Wert, müssen die Fledermäuse das Jagdgebiet wechseln. Nahrungsmangel kann natürlicherweise durch schwierige Witterungsbedingungen wie Regen und niedrige Temperaturen hervorgerufen werden. Viel gravierender und eine wesentlich häufigere Gefährdungsursache ist jedoch die Reduktion von insektenreichen Lebensräumen [54].

Die Fledermausarten nutzen sehr unterschiedliche Insektengruppen oder Kombinationen davon. Die Größe der jeweiligen Fledermausart als auch deren Jagdstrategie ist dabei von Bedeutung. Die kleinsten Arten, wie die im Siedlungsbereich häufige Zwergfledermaus oder die bei uns seltenere Mückenfledermaus, können die recht voluminösen EPS-Falter kaum abschlucken.

Bekannte Prozessionsspinner-Räuber im Juli und August sind das Graue Langohr (*Plecotus austriacus*), die Mopsfledermaus (*Barbastella barbastellus*), das Braune Langohr (*Plecotus auritus*), die Weißrandfledermaus (*Pipistrellus kuhlii*) und die Breitflügelfledermaus (*Eptesicus serotinus*). Die Mopsfledermaus und das Graue Langohr sind Nahrungsspezialisten. Ihre Ernährung kann bis zu 100 % aus Nachtfaltern bestehen. Das Braune Langohr ist dagegen Nahrungsgeneralist. Der Anteil an Nachtfaltern in der aufgenommenen Nahrung kann zwischen 20 und 100 % schwanken. Die Weißrand- und die Breitflügelfledermaus sind ebenfalls Nahrungsgeneralisten. Bei der ersten Art liegt der Nachtfalteranteil in der Nahrung bei 15–38 % und bei der zweiten Art zwischen 10 und 15 % [55]. Weitere Fledermausarten (z. B. der Große Abendsegler) sind sicherlich ebenfalls effektive Nachtfalterjäger.

Die **Weißrandfledermaus (*Pipistrellus kuhlii*)** stammt aus dem mediterranen Raum und breitet sich weiter nach Norden aus. In Deutschland wird sie erst seit einigen Jahren in den südlichen Regionen (Baden-

Württemberg und Bayern) regelmäßig auch mit Wochenstuben nachgewiesen. Sie kommt vor allem in Siedlungen vor, wo sie ihre Quartiere überwiegend in Spalten an Gebäuden bezieht. Zur Jagd nutzt sie typischerweise innerstädtische Grünflächen (Gärten & Parks) und Gewässer. Außerdem kann man sie auch bei der Jagd an Straßenlaternen beobachten. Außerhalb der Siedlungen bejagt die Weißrandfledermaus landwirtschaftliche Flächen, Sturmwurfflächen und vorzugsweise Gewässer (www17, [56]).

Das **Braune Langohr (*Plecotus auritus*)** gilt als eine Wald- und Parkfledermausart, die bevorzugt Quartiere in Baumhöhlen und Spalten aufsucht. Sie nutzt aber ebenso Gebäudequartiere, vor allem Dachböden sowie Vogel- und Fledermauskästen. Der Winterschlaf dieser Art ist relativ kurz. Die Winterquartiere befinden sich in Kellern, Stollen und Höhlen in einer Entfernung von 1–10 km zum Sommerlebensraum. Als Nahrung dienen dem Braunen Langohr überwiegend Schmetterlinge (bis zu 100 %) und Zweiflügler, die es im Flug fängt oder von Blättern und vom Boden abliest. Das Braune Langohr bevorzugt als Beute große Nachtfalter. Dabei werden auch Schmetterlingsraupen erbeutet. Das Braune Langohr kommt in lockeren Nadel-, Misch-, Laub- und Auwäldern sowie in Parkanlagen und Gärten, Friedhöfen und Obstbaumanlagen vor. Als Jagdgebiete dienen ihm Wälder, Obstwiesen, Gehölzgruppen, Hecken und insektenreiche Wiesen. Beim Braunen Langohr sind die Flüssigkeitsverluste über die Flughäute und große Ohren recht hoch. Deshalb ist sie auf die nächtliche Wasseraufnahme von 2 bis 5 g angewiesen (www18, [57][58][56]).

Das **Graue Langohr (*Plecotus austriacus*)** ist eine typische Dorffledermaus, die vor allem Kulturlandschaften besiedelt. Als Jagdgebiete nutzt es in Mitteleuropa Wiesen, Weiden, Brachen, Haus- und Obstgärten sowie Gehölzränder und Wälder, wobei es Laubwälder manchmal bevorzugt. Die Quartiere zur Jungenaufzucht (sog. Wochenstubenquartiere) befinden sich fast ausschließlich in und an Gebäuden z. B. in Dachstühlen. Das Graue Langohr ernährt sich überwiegend von Nachtfaltern (bis zu 100 %). Diese können auch an Straßenlaternen gejagt werden. Aber auch Käfer bis zur Größe von Maikäfern und Zweiflügler können erbeutet werden. Das Graue Langohr kommt hauptsächlich in Ebenen und im Hügelland vor, wo es trocken-warme landwirtschaftlich geprägte Lebensräume und Wälder findet (www20, [56]).

Die große **Breitflügelfledermaus (*Eptesicus serotinus*)** ist eine typische Gebäudefledermaus, die in Deutschland ihre Quartiere im Sommer fast ausschließlich in Gebäuden bezieht. Dabei leben die Tiere meist sehr gut versteckt (z. B. hinter Wandverkleidungen unterschiedlichster Art, im Zwischendach, im Firstbereich, am Schornstein, in Dehnungsfugen). Sie ernährt sich von Nachtfaltern und von größeren Käfern, z. B. Dung- und Maikäfern, die bereits ab der frühen Abenddämmerung gejagt werden. Die Breitflügelfledermaus bevorzugt offene sowie durch Gehölzbestände gegliederte, halboffene Landschaften als Jagdgebiete. Sie jagt überwiegend über Grünland, entlang von Baumreihen, im Dorfinneren, in Parks, in Gärten, an Waldrändern und Waldwegen sowie nahe von Baumgruppen oder Einzelbäumen und in hochstämmigen Buchenwäldern. Die Breitflügelfledermaus besiedelt aber auch größere Städte, mitunter sogar Großstädte, wenn die Nahrungsversorgung durch entsprechende Anteile an Grünanlagen und mit Baumreihen und Alleen bestandene Straßenzüge gewährleistet ist. In Siedlungen kann sie häufig bei der Jagd um Straßenlaternen beobachtet werden. Bei ansteigender Beutedichte verstärken Breitflügelfledermäuse ihre Jagdaktivität in diesem Bereich (www19, [59][60][56]).

Die **Mopsfledermaus (*Barbastella barbastellus*)** verdankt ihren deutschen Namen der gedrungenen Nase, die denen der Hunderasse „Mops" sehr ähnlich sieht. Ihre Lebensräume liegen bevorzugt in reich gegliederten, insektenreichen Wäldern mit abwechslungsreicher Strauchschicht und vollständigem Kronenschluss. Zugleich besteht eine enge Bindung an den menschlichen Siedlungsraum, besonders in

Bezug auf die Sommerquartiere und Jagdhabitate. Entscheidend ist das Beutevorkommen (Nachtfalter) und nicht der Baumbestand. Die Wochenstubenquartiere befinden sich in erster Linie im Wald in Baumspalten und hinter abstehender Borke an abgestorbenen Bäumen. An Gebäuden nutzt sie regelmäßig Versteckmöglichkeiten hinter Fensterläden und Hausverkleidungen als Quartiere. Bei der Nahrungswahl hat die Mopsfledermaus ganz spezielle Vorlieben entwickelt, denn ihre Hauptnahrung besteht aus Nacht- und Kleinschmetterlingen. Auf dem Flug in die Jagdgebiete orientiert sich die Art stark an Leitelementen, wie Hecken oder Baumreihen, die eine Verbindung zwischen den Quartieren und den Jagdgebieten herstellen. Baumreihen werden auch gerne zur Jagd genutzt. Sie lebt dabei bevorzugt in waldreichen Gebieten und hat ihre Kolonien in der Nähe von oder in Wäldern. Natürliche bzw. naturnahe Wälder haben für die Mopsfledermaus eine hohe Bedeutung als Lebensraum. Sie bewohnt insbesondere produktive, reich gegliederte Wälder mit hohem Anteil an Laubwaldarten und vollständigem Kronenschluss, aber auch trockene Kiefernwälder mit einer guten Krautschicht. Die Mopsfledermaus kommt aber ebenfalls in Gebieten mit mosaikartigem Vorkommen von Waldstücken und in von baumreichen Gärten und Parks geprägten Randbereichen von Ortschaften sowie Alleen vor. Lediglich intensiv genutzte Kiefern- und Fichtenwälder meidet sie (www21, [59][61]).

3 Gesundheitsgefahren durch den Eichenprozessionsspinner

Es gibt immer mehr Allergiker in Deutschland. Allergische Erkrankungen betreffen in Deutschland ca. 30 Millionen Menschen und können daher als „Volkskrankheiten" bezeichnet werden. Etwa 50 % weisen eine „Sensibilisierung" auf, d. h., sie besitzen eventuell krankmachende Antikörper gegen häufige Umweltfaktoren, die bei möglichem intensiven Kontakt im späteren Leben zum Ausbruch einer Allergie führen können. Allergien sind typische Umweltkrankheiten: Auf der Grundlage einer genetisch bedingten individuellen Empfindlichkeit (Suszeptibilität) kommt es über das Immunsystem zu einer krankmachenden Reaktion gegen Umweltstoffe natürlichen (biogenen) oder menschlichen (anthropogenen) Ursprungs. Allergien schränken die Lebensqualität sowie die berufliche und schulische Leistungsfähigkeit der Betroffenen erheblich ein. Somit führen sie zu deutlichen sozialen und sozioökonomischen Belastungen für die Betroffenen, unser Gesundheitssystem und die Volkswirtschaft. Trotzdem werden Allergien leider auch heute noch von vielen Ungeschädigten – auch von Ärzten und Politikern – nicht ernst genommen. Das mag damit zusammenhängen, dass Allergien einen wechselhaften Verlauf zeigen und dass bei fehlenden Allergenen Symptomfreiheit besteht. So vergisst man, dass bei erneutem, späterem Kontakt sofort wieder eine schwere Krankheit oder lebensbedrohliche Reaktionen auftreten können. Auch der Klimawandel mit der globalen Erwärmung kann zur Zunahme von Allergien beitragen. Während früher Allergien bei über 50-Jährigen fast nicht vorkamen, ist dies heute alltäglich. Es ist zu erwarten, dass mit der demografischen Entwicklung auch Allergien im höheren Lebensalter eine zunehmende Problematik darstellen werden. Auch wenn allergische Erkrankungen lebensbedrohlichen Charakter annehmen können, wie z. B. Anaphylaxie oder schweres Asthma, ist nicht die Mortalität der Grund, der sozioökonomisches Handeln erzwingt, sondern die mit erheblichem individuellen Leid und Beeinträchtigung der Lebensleistung und Lebensqualität einhergehende Situation mit gleichzeitig enormen Kosten für die Gesellschaft. Betroffene werden am Führen eines normalen Lebens gehindert. Sie müssen ständig Vorsichtsmaßnahmen beachten und erfahren drastische Einschränkungen bei der Berufswahl sowie ihren Freizeitaktivitäten [62].

Das Goldafter-Männchen Euproctis chrysorrhoea. Wissenschaftliche Sammlung Sektion Entomologie II, Senckenberg Forschungsinstitut und Naturmuseum Frankfurt am Main.
Foto: Wolfgang Rohe

Das Goldafter-Weibchen Euproctis chrysorrhoea. Wissenschaftliche Sammlung Sektion Entomologie II, Senckenberg Forschungsinstitut und Naturmuseum Frankfurt am Main.
Foto: Wolfgang Rohe

Das Schwammspinner-Männchen Lymantria dispar. Wissenschaftliche Sammlung Sektion Entomologie II, Senckenberg Forschungsinstitut und Naturmuseum Frankfurt am Main.
Foto: Wolfgang Rohe

Das Schwammspinner-Weibchen Lymantria dispar. Wissenschaftliche Sammlung Sektion Entomologie II, Senckenberg Forschungsinstitut und Naturmuseum Frankfurt am Main.
Foto: Wolfgang Rohe

Das Eichenspinner-Männchen Lasiocampa quercus. Wissenschaftliche Sammlung Sektion Entomologie II, Senckenberg Forschungsinstitut und Naturmuseum Frankfurt am Main.
Foto: Wolfgang Rohe

Das Eichenspinner-Weibchen Lasiocampa quercus. Wissenschaftliche Sammlung Sektion Entomologie II, Senckenberg Forschungsinstitut und Naturmuseum Frankfurt am Main.
Foto: Wolfgang Rohe

Die nachfolgend dargestellten Krankheitssymptome sind nicht spezifisch für EPS-Raupen. Sie können auch von Raupen anderer heimischer Schmetterlingsarten, z. B. dem Kiefern-Prozessionsspinner (*Thaumetopoea pinivora*), dem Goldafter (*Euproctis chrysorrhoea*), dem Schwammspinner (*Lymantria dispar*) und dem Eichenspinner (*Lasiocampa quercus*) ausgelöst werden. Deshalb spricht man allgemein von „Lepidopterismus“. Allerdings ist der EPS am weitesten verbreitet und tritt in großer Anzahl auf. Dies ist bei keiner anderen gesundheitsgefährdenden Art momentan der Fall.

Die sogenannten "Brennhaare" sind eigentlich Setae. Eine Seta unterscheidet sich deutlich von einem Insektenhaar (s. Abb. S. 51). Letzteres wird von 2 Zelltypen gebildet, von tormogenen Zellen (Hilfszellen) und von trichogenen Zellen. Die Seta wird nur von einer trichogenen Zelle produziert. Diese Seta bildende Zelle wird auch Brenndrüse genannt. Sie sitzt in der dünnen Kutikula, dem "Spiegel", und bildet die Seta sowie die Füllung, sprich die Brennsubstanzen mit dem reichlich vorhandenem Thaumetopoein und weiteren löslichen Proteinen. Thaumetopoein ist die Hauptwirksubstanz. Nach dem Ende der Seta-Entwicklung sitzt diese locker in einer Vertiefung der Kutikula und kann leicht mechanisch freigesetzt werden. Die

Seta ist sehr dünn und langgestreckt und zur Spitze hin (distal) mit nach oben gerichteten Stacheln versehen. Sie ist hohl, dünnwandig und der Innenraum (Bulbus) ist geschlossen, d.h. es existiert kein Loch oder eine Pore. Durch diese Abschirmung von äußeren Einflüssen ist der Giftcocktail langlebig und verursacht die anhaltende Gefährlichkeit über Jahre. Die Seta ist wesentlich leichter als eine Feder und wird bei Freisetzung in der Luft verbreitet. Letztendlich entscheidet die Windstärke über die Verbreitung der Setae. Werden die Haare durch stark erwärmte Luft verwirbelt, wie es beim Abflämmen der Fall ist, kann die Verfrachtung über mehrere Straßenzüge erfolgen.

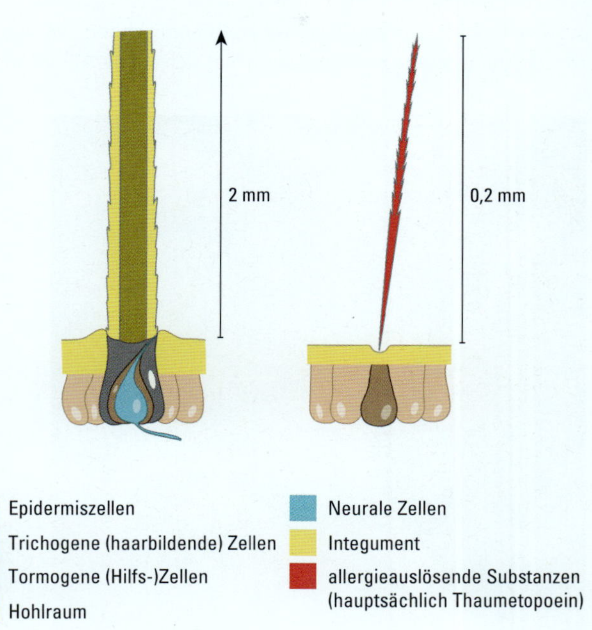

Das Haar ist meist an eine oder mehreren Nerven-/Sinneszellen gekoppelt. Die Seta ist weder inerviert noch mit einer Sinneszelle gekoppelt. Insektenhaare sind wesentlich länger, dicker und schwerer als Setae. Die Seta ist nicht in der Kutikula verwurzelt. Sie kann durch mechanische Einwirkung leicht freigesetzt werden und in der Luft schweben. Aufgrund der geringen Größe ist sie für das menschliche Auge nicht sichtbar. Bei massenhafter Freisetzung ist aber eine „Wolke" oder „Schlieren im Gegenlicht" wahrnehmbar. Diesen Anblick sollte man aber nur mit guten Atemschutz erleben. Zeichnung W. Rohe stark verändert nach [63]

Ab dem 3. Larvenstadium tragen die EPS-Raupen auf dem Rücken zunehmend die feinen, mit Widerhaken versehenen Härchen („Brennhaare" oder „Gifthaare", wissenschaftlich korrekt Setae, ca. 0,2 mm lang). Die Setae werden nach jeder Häutung neu gebildet. Mit jeder Häutung nimmt die Zahl der Brennhaare zu. Bereits bei leichter Berührung fallen sie ab und werden vom Wind über weite Strecken verweht. Beim Eichenprozessionsspinner werden sie kontinuierlich freigesetzt, bei den anderen Arten nur nach Störung. Eine besondere Gefährdung geht von den älteren Raupen aus (5. bis 6. Stadium), die auf 8 Larvenabschnitten (Abdominalsegmenten) bis zu 630.000 Brennhaare tragen können [7]. Aber auch die Kokons der Puppen enthalten Brennhaare. Diese bleiben auf der menschlichen Haut haften, zerbrechen und setzen so das Giftgemisch frei. Die von Larven- und Puppenstadien bzw. ihren Brennhaaren hervorgerufenen, auf die Haut beschränkten Krankheitsbilder werden als Raupendermatitis (= Raupenhaar-Dermatitis = Erucismus) bezeichnet. Diese Gefahr besteht von Mai bis November [64]. Nach einer Exposition ist fast immer die Haut betroffen, vor allem an unbedeckten Hautpartien wie Nacken, Gesicht und unbekleideten Extremitäten, sowie besonders an dünnen Hautpartien wie z. B. am Hals und an der Innenseite des Ellenbogens (s. Abb. unten und s. Abb. S. 53). Das Nesselgift wirkt über die massive Freisetzung von Histamin; ein Stoff, der ein wichtiger Botenstoff bei Entzündungsreaktionen ist, Schwellung und Juckreiz verursacht, aber auch zur Gefäßerweiterung führt. Über diese Mechanismen kann es auch zu einem erheblichen Blutdruckabfall, d. h. zur Ausbildung einer Schocksymptomatik kommen. Prozessionsspinner verursachen Allergien vom Soforttyp (Typ-I-Reaktion). Im verwandten Kiefernprozessionsspinner, der im Mittelmeerraum recht häufig ist, wurden 7 Allergene beschrieben. Im Vordergrund steht ein äußerst starker Juckreiz, Brennen, Hautrötung mit Bildung von Quaddeln und Bläschen. Die Reaktionen der Personen sind individuell sehr verschieden. Es können folgende Beschwerden auftreten (Auswahl): Kurzatmigkeit, Fieber, Schweißausbruch, Schüttelfrost, Unwohlsein, Benommenheit, Verwirrtheit, Müdigkeit, Schwindel, Erbrechen, Herzrhythmusstörungen. Meistens bildet sich auf der Haut eine insektenstichähnliche, als „Nesselsucht" bezeichnete fleckige und stark juckende Schwellung (Knötchen und Papeln) aus. Werden die Härchen eingeatmet, kommt es zu einer Schwellung der bronchialen Schleimhäute und zu einer Konstriktion (Verkrampfung) der kleinen Bronchialmuskeln mit schmerzhaftem Hustenreiz und Luftnot, weshalb Kinder mit anatomisch engen Atemwegen oder Asthmatiker besonders gefährdet sind. Allergiker können dadurch – wie bei Bienen- oder Wespenstich-Allergien – in akute Lebensgefahr geraten, wenn die Atemwege zuschwellen oder sie einen anaphylaktischen Schock erleiden. Im Bereich der Augen kommt es zu einer Bindehautentzündung mit oft starker Schwellung der Augenlider und der sog. „Ophthalmopathia nodosa", bei der es über lokale Entzündungsprozesse zu schmerzhafter Sehbeeinträchtigung mit Lichtscheu kommt. Deshalb ist es sehr wichtig, dass bei Augenkontakt sofort und ausreichend mit Wasser gespült und ein Augenarzt aufgesucht wird. Dieser kann mittels einer

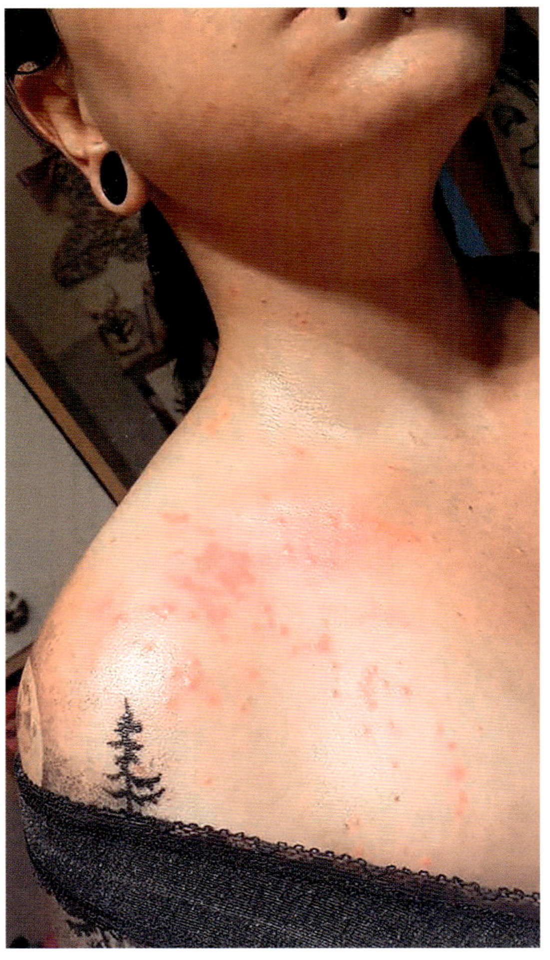

Sofort-Auswirkungen der EPS-Brennhaare auf menschliche Haut. Foto: Denis Ekarius

Spaltlampenuntersuchung die restlichen Härchen sehen und entfernen. Dies gelingt aber nur im akuten Stadium, da sich die Härchen weiter einbohren, besonders, wenn wegen des Schmerzes oder Juckreizes gerieben wird. Spontan heilt diese Erkrankung nach den bisherigen Beobachtungen nach ca. 4 Wochen aus. Durch überschießende Immunreaktionen kann es zu anaphylaktoiden Reaktionen bis hin zum anaphylaktischen Schock und Bewusstlosigkeit kommen. Die Krankheitsdauer liegt meist bei 1–2 Wochen, Symptome können aber durchaus noch einen Monat später vorhanden sein. (verändert und ergänzt nach [65] und www24). Bei erneutem Kontakt mit Brennhaaren, ob Allergiker oder nicht, sind das Ausmaß und der Schweregrad der Reaktionen deutlich erhöht (Sensibilisierung). Eine Gewöhnung an die Brennhaare tritt nicht auf. Oft entwickelt sich eine stetig zunehmende Hypersensitivität.

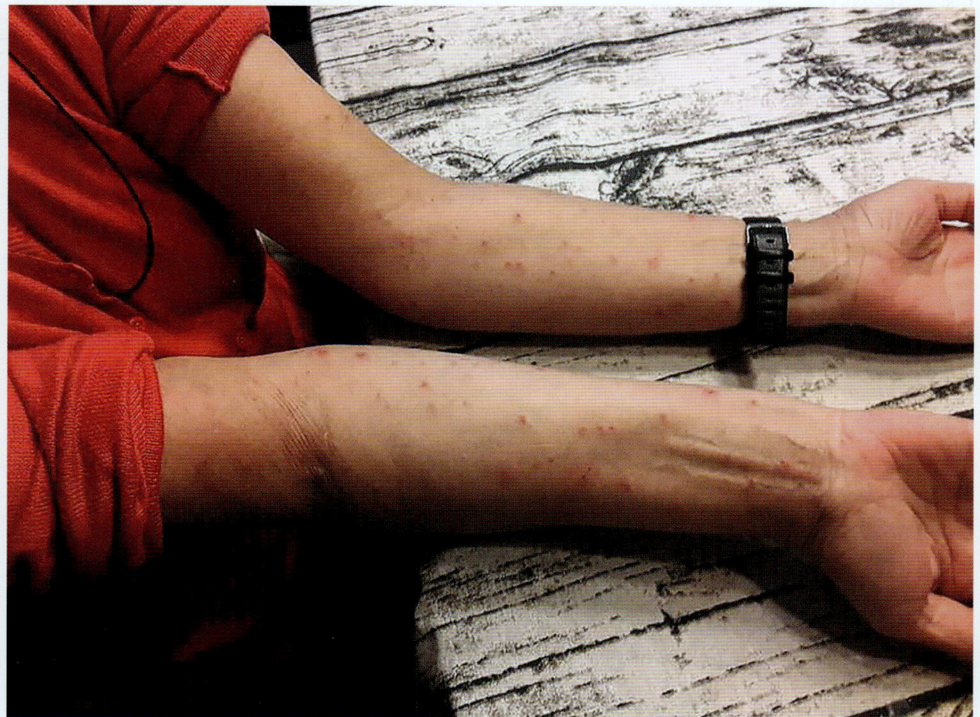

Raupendermatitis (Erucismus) nach der Exposition mit EPS-Setae. *Foto: Denis Ekarius*

Nach dem Kontakt mit Brennhaaren empfehlen sich folgende Sofortmaßnahmen:

- Erste Linderung gegen mögliche Schwellungen und Juckreiz durch Kühlung der betroffenen Hautpartien mit einer Kaltkompresse.
- Nicht kratzen. Gefahr von Sekundärinfektionen und Entzündungen.
- Die „Nesselsucht“ (stark juckende Schwellungen) lokal symptomatisch mit einer mittelstark bis stark wirksamen Kortison-Creme zum Abklingen bringen (topischen Kortikosteroiden).

- Befallsgebiet nicht mehr aufsuchen.
- Sofortiger Kleiderwechsel und der Versuch, mit einem Klebeband vorhandene Brennhaare von der Haut abzunehmen. Kleiderwäsche bei hoher Temperatur (mindestens 60 °C).
- Duschbad mit Haarwäsche. Nicht mit dem Handtuch trocknen, um die Härchen nicht noch weiter in die Haut zu treiben, sondern zum Trocknen der Haut einen Fön benutzen. Bei Augenbeteiligung: Spülen mit viel Wasser. Nicht reiben.
- Gründliche Reinigung der benutzten Gegenstände bzw. des Fahrzeugs (Schutzkleidung verwenden).
- Achtung: Ein einmal zum Entfernen von EPS-Brennhaaren eingesetzter Staubsauger verteilt diese über lange Zeit bei jeder Benutzung neu

Bei allen anderen Symptomen wie Bindehautentzündungen, Atembeschwerden, Kreislaufproblemen, Kreislaufschock oder Herzbeschwerden sollte sofort ärztliche Hilfe in Anspruch genommen werden. Ein Schock stellt immer eine potenzielle Lebensgefahr dar. Beim Arzt sollte unbedingt auf die Beeinträchtigung durch giftige EPS-Brennhaare hingewiesen werden.

- Bei Konjunktivitis ophthalmologische Externa, die auch ein Antiseptikum enthalten.
- Gegen den meist stark ausgeprägten Juckreiz sind orale Antihistaminika hilfreich.
- Bei respiratorischen Symptomen ist der Einsatz von Betasympathomimetika und/oder steroidhaltigen Dosieraerosolen indiziert.
- Schwerere Verläufe können eine systemische Kortikosteroidtherapie notwendig machen ([65] und www24).

Auch warmblütige Tiere reagieren auf die Gifthaare. Bei Hunden können die empfindlichen Nasen- und Mund- und Magenschleimhäute geschädigt werden. Hunde sollten daher keinen Kontakt mit Raupen oder Raupennestern haben (www4). Kontaminiertes Viehfutter kann erhebliche Auswirkungen auf die Gesundheit und Milchleistung der Kühe haben.

„Die akute Gefahr ist während der Raupenfraßzeit des Schädlings am größten. Alte Gespinstnester des Eichenprozessionsspinners, ob am Baum haftend oder am Boden liegend, stellen eine anhaltende Gefahrenquelle dar. Da die Raupenhaare eine lange Haltbarkeit besitzen, reichern sie sich über mehrere Jahre in der Umgebung, besonders im Unterholz und im Bodenbewuchs, an. Sie halten sich auch an den Kleidern und Schuhen und lösen bei Berührungen stets neue allergische Reaktionen aus“ (www12).

Risikogruppen (stark verändert nach www12)

- Erholungssuchende im Wald, in Parkanlagen und Friedhöfen sowie Friedwäldern, an historischen Baudenkmälern mit Eichenbeständen, entlang von Straßenalleen und an Waldrändern
- Besucher von Freizeitanlagen mit Eichen oder angrenzenden Eichenbeständen (z. B. Sportplatz, Schwimmbad, Kinderspielplatz, Campinganlagen, Parkplätze)
- Direkte Anwohner betroffener Eichenbestände
- Besitzer von Eichen in Gärten
- Spielende Kinder mit Neugierde an EPS-Raupen und ihren Nestern
- Kommunale Mitarbeiter im „grünen Bereich“
- Lauf- und Radsportler sowie Geocacher, insbesondere abseits der ausgewiesenen Wege und in der Dunkelheit
- Waldarbeiter, Selbstwerber und Jäger in befallenen Waldgebieten
- Brennholzabnehmer
- Helfer von Säuberungsaktionen

- Arbeitskräfte von Landschafts- und Baumpflegebetrieben und Straßenmeistereien
- Landwirtschaftliche Arbeiter auf Feldern und Wiesen in der Nähe von befallenen Eichen, z. B. auf Nutzfahrzeugen mit fehlender oder offener Fahrerkabine
- Nutztiere (Pferde, Rinder, Kühe, Schafe, Ziegen, ...) durch Weidegang in unmittelbarer Nähe zu EPS-Vorkommen oder durch kontaminiertes Futter
- Haustiere (Hunde, Katzen, ...) durch direkten Kontakt mit EPS-Tieren oder EPS-Materialien sowie durch Herumtollen in EPS-kontaminiertem Gras
- Haustierhalter durch Eintrag von Brennhaaren im Pelz ihrer Haustiere

Eine besondere Gefahr besteht für Personen mit Atembeschwerden, bekannten allergischen Reaktionen und schon vorheriger Erkrankung aufgrund von EPS-Brennhaaren.

Eine Information der Haus-, Haut- und Kinderärzte über festgestellten EPS-Befall im Landkreis und in der Stadt ist empfehlenswert, damit diese sensibilisiert werden, um gesundheitliche Auswirkungen nach einem vermuteten Kontakt mit dem EPS schnell erkennen zu können. Zur Evaluation bietet es sich an, einen Fragebogen durch die behandelnden Ärzte ausfüllen und dem Gesundheitsamt zukommen zu lassen (www24).

Nach bisherigen Erfahrungen sind ab etwa 2 Eigelegen je Eiche deutliche Belästigungen für die Bevölkerung möglich [16].

4 Zuständigkeiten und rechtlicher Rahmen

Auf privatem Grund sind die Eigentümer selbst verantwortlich für die EPS-Bekämpfung. Ebenso verhält es sich bei Wäldern. Demnach kann dies ebenfalls eine Privatperson, eine Gemeinde, das Land oder Bund (Bundesforsten, BIMA) sein. Im Siedlungsbereich ist die Gemeinde verantwortlich. An Bundesfernstraßen ist der Bund und an Landesstraßen das Land und an Kreisstraßen der Landkreis oder die kreisfreie Stadt und an Gemeindestraßen wieder die Gemeinde verantwortlich. An Hochwasserschutzanlagen ist die Untere Wasserbehörde anzusprechen.

In den jeweiligen Bereichen Waldschutz und Urbanes Grün ist auf die unterschiedliche Rechtslage zu achten. Sobald der Befall so stark ist, dass Bäume oder ganze Waldbestände geschädigt werden können, gilt das **Pflanzenschutzrecht** (Verordnung (EG) 1107/2009). Die Anwendung darf nur mit den für diesen Zweck zugelassenen Pflanzenschutzmitteln unter Berücksichtigung der mit der Zulassung festgelegten Anwendungsbestimmungen erfolgen. Hier sind Abstandsregeln zu Gewässern, Waldrändern und Siedlungen von besonderer Bedeutung. Die Bekämpfung von Schadinsekten durch die Ausbringung von Pflanzenschutzmitteln mit Luftfahrzeugen ist gesetzlich verboten. Ausnahmen sind für Kronenbereiche von Wäldern und Steillagen des Weinbaus möglich, aber nur unter Einhaltung von Auflagen und Anwendungsbestimmungen, die die Auswirkungen für Nichtzielorganismen auf ein vertretbares Maß reduzieren. Die entsprechenden Pflanzenschutzmittel müssen hierzu für die Verwendung mit Luftfahrzeugen vom Bundesamt für Verbraucherschutz und Lebensmittelsicherheit (BVL) zugelassen oder genehmigt werden. Das Umweltbundesamt (UBA) fungiert dabei je nach Verfahren als Einvernehmens- oder Benehmensbehörde.

Maßnahmen zum Schutz der Bevölkerung unterliegen dem **Biozidrecht** und dürfen dementsprechend nur mit Biozidprodukten durchgeführt werden, die nach den Vorgaben der europäischen Biozid-Verordnung (EU 528/2012) für diesen Zweck geprüft und zugelassen wurden. Der Einsatz von entomopathogenen Nematoden fällt nicht in den Anwendungsbereich der Verordnung (EU) Nr. 528/2012 (Biozid-VO). Maßnahmen zum Schutz der menschlichen Gesundheit können auch in das allgemeine Ordnungsrecht fallen.

Eine Einschränkung des Betretungsrechts und Sperrungen von Waldgebieten sind durch die Ordnungsbehörden der Länder zu veranlassen. Verantwortlich für die Durchführung des Gesundheitsschutzes sind auf öffentlichen Flächen Städte und Gemeinden, auf Privatgrundstücken der jeweilige Eigentümer ([66][67][68], Schriftl. Mitt. BfC 2019).

Behörden können Besitzer von betroffenen Eichen, unter Androhung der Ersatzvornahme, die fachkundige Entfernung des EPS aufgeben. Zudem kann die sofortige Vollziehung angeordnet werden. Dadurch hat eine Klage gegen den Bescheid keine aufschiebende Wirkung. Diese Vorgehensweise wurde gerichtlich in Bayern bestätigt. In Magdeburg war dies in einem vergleichbaren Fall nicht so. Leider ist die Rechtsprechung bundesweit noch uneinheitlich. Die Entscheidungen beruhen auf landesrechtlichen Normen. Diese haben zwar einen ähnlichen Regelungsinhalt, unterscheiden sich aber oft in ihren detaillierten Anforderungen [69].

„Vorrangig muss eine Bekämpfung aus hygienischen Gründen dort in Erwägung gezogen werden, wo Menschen durch die Gifthaare gefährdet sind und eine Absperrung des befallenen Geländes für längere Zeit unmöglich ist. ... Privatpersonen sollten jedoch nicht zum Mittel der Selbsthilfe greifen. Der Einsatz von Insektiziden ist sorgfältig abzuwägen und muss die Belange von Naturschutz und Wasserschutz berücksichtigen. Dabei sollte immer der Rat von Fachleuten eingeholt werden“ (www10).

5 EPS-Management

5.1 Monitoring (Risiko-Analyse)

Das Monitoring dient der Einteilung des Stadtgebietes in Gefährdungskategorien. Daraus kann dann ein Maßnahmen-Katalog entwickelt werden. Darin ist die zeitliche und räumliche Priorisierung von Bekämpfungsschwerpunkten, die jeweiligen Bekämpfungsmethoden und die Abfolge der Maßnahmen sowie die passende Erfolgskontrolle darzustellen. Zusätzlich sollten auch geeignete Unternehmen und deren Leistungsfähigkeiten aufgeführt werden, die eine fachgerechte Bekämpfung durchführen können.

Das Monitoring kann mit unterschiedlichen Methoden durchgeführt werden.

Es gibt verschiedene **Pheromon-Fallentypen**. Die besten Fangresultate lieferten Variotrap-Trichterfallen (auch Topffalle genannt). Sie erbrachten fast 6-mal so viele Falter wie die Delta-Fallen [70](s. Abb. unten). Mit Pheromonfallen werden männliche Falter angelockt. Dies geschieht mit Pheromonen der Weibchen. Es gibt diverse Anbieter von Pheromonen mit sehr unterschiedlicher Effektivität (siehe [70]). Der Nachweis von Männchen bedeutet aber keinen sicheren Hinweis für Eiablageplätze. Der Einzugsbereich der Fallen ist von vielen Faktoren abhängig. Die Aufhänghöhe von 10–15 m erbrachte dabei die höchsten Fangraten (76,6 %). In 5–10 m wurden lediglich 18,6 % und in 3–5 m nur noch 4,8 % des Gesamtfangs erreicht [70]. In der Literatur werden Flugdistanzen von 50 bis 100 Kilometern für Männchen genannt [4]. Die Methode wird regelhaft in den Niederlanden und in Berlin durchgeführt. Sie dient der Befallsabschätzung und der Prognose für den zu erwartenden Befall im Folgejahr[68]. Niederländische Erfahrungen besagen, dass beim Fang von 5 Faltern in einer Falle in einem Umkreis von etwa 500 m Nester vorhanden sein können. [71]

Eine Variotrap-Falle (Topffalle) für den Falterfang. Sie kann sowohl mit Pheromonen als auch mit Licht betrieben werden.
Foto: Wolfgang Rohe

Das **Monitoring im Forst** ist festgelegt. Es besteht aus einer Fraßbonitur. Reicht diese nicht als Prognosetool aus, dann wird im Anschluss an die Fraßkartierung eine Nesterzählung durchgeführt. An weiteren gezielten Untersuchungen kann dann noch eine Eigelege-Suche mit Erhebung der Schlupfrate und Parasitierung stehen (z. B. [72]). Dieses gestaffelte Verfahren ist für forstliche Zwecke sinnvoll und ausreichend.

Nach dem Blattaustrieb der Eichen kann der Fraß an den Triebspitzen erhoben werden. Im Siedlungsbereich ist bei der Belaubungsschadens-Kartierung auf weitere Vertreter der Eichenfraßgesellschaft zu achten. Der frühe Fraßschaden durch die Frostspannerarten kann z. B. eine höhere EPS-Aktivität vortäuschen. Darum sollten zwecks Artermittlung zusätzlich Leimringe angebracht werden. Mit **Leimringen** werden larvale Stadien und flugunfähige Weibchen (z. B. Kleiner und Großer Frostspanner) abgefangen. Dies hat den Vorteil, dass weitere Eichenschädlinge, wie z. B. die Frostspannerarten, nachgewiesen werden. Somit kann man die Belastung der Eiche besser einschätzen. Der große Nachteil ist die im Jahresverlauf späte Information zur Dichte der Prozessionsspinner.

Am besten ist die **Kartierung der EPS-Altnester und -Eigelege** von Oktober bis Februar. Hierbei sollte auch exemplarisch die Parasitierung der Eier erfasst werden. Diese Angabe gibt wertvolle Hinweise zum bisherigen Erfolg der Biologischen Schädlingsbekämpfung und der zu erwartenden Raupendichte. Im Labor kann man einen vorzeitigen Schlupf der Eiraupen herbeiführen und so die Schlupfrate ermitteln. Das nachfolgende Zeitfenster erlaubt eine breite Auswahl an Akutmaßnahmen. Aufgrund der bekannten Standorte der Eigelege kann auch eine Schlupfüberwachung im Freien durchgeführt werden. Eiraupen, die vor der Knospenöffnung schlüpfen, bohren die austreibenden Knospen an. Dies ist auch bei den Frostspannern der Fall [13].

Je höher die zu erwartende Raupendichte und damit die Kahlfraßgefahr ist, desto kleiner ist das Zeitfenster für adäquate Bekämpfungsmaßnahmen.

Die Erfassung der Eichenprozessionsspinner-Vorkommen im urbanen Bereich sollte auch die Sensibilität der Bürger sowie die Intensität der Flächennutzung berücksichtigen. Beispielhaft ist dies in der Tabelle 1 dargestellt. In der Tabelle ist immer die höchste Priorität zu verwenden, d. h. grenzt ein Wirtschaftsweg an einen Kindergarten an, so haben die EPS-Vorkommen im Wirtschaftsweg ebenfalls die höchste Priorität. Ein Baum mit 5 Eigelegen in der Stufe 3 hat eine geringere Priorität als ein Baum mit 2 Eigelegen in Stufe 1.

Tabelle 1: Priorität der Bekämpfungsmaßnahmen anhand der Flächennutzungsintensität und anthropogenen Sensibilität (nach Rohe in Zusammenarbeit mit Herrn Beckmann [96]).

Stufe 1	**Höchste Priorität** Schulen, Kindergärten, Alters- und Pflegeheime, Krankenhaus, stark frequentierte Plätze oder Einrichtungen (z. B. Einkaufszentren, Haltestellen, Campingplätze, gut genutzte Fahrrad- und Wanderwege sowie Parkplätze), während Großveranstaltungen, Anwohner mit Vorerkrankungen der Atemwege
Stufe 2	**Hohe und mittlere Priorität** z. B. Bolzplätze, Reitschulen, Ausführstrecken von Hunden, allgemein Orte geringerer Frequentierung
Stufe 3	**Niedrige Priorität** beispielsweise Wirtschaftswege, Wald- und Naturgebiete etc.

5.2 Präventivmaßnahmen

Die vorrausschauende Planung in der Flächennutzung und der Gesundheitsvorsorge funktioniert am besten durch langfristige Berücksichtigung und Zulassen natürlicher Prozesse. Dazu sind Lebensräume für unsere Helfer (EPS-Antagonisten) wiederaufzubauen und zu sichern. Dies erfordert Geduld, ist aber auch die effektivste und wirtschaftlichste Lösung. Jede natürliche Reduktion der EPS-Population im urbanen Bereich reduziert den finanziellen Aufwand der Bekämpfung und ist ein Gewinn für die Gesundheit von Mensch und Tier. Deshalb lohnen sich Präventivmaßnahmen doppelt. Die Vorsorge sollte möglichst viele Chancen, Netzwerke und Erfahrungen nutzen. Schuldzuweisungen sind nicht angebracht. Nicht Landbewirtschafter, sondern eine verfehlte Förderpolitik im EU-Agrarbereich ist schuld an dem Rückgang vieler Insekten fressender Tiergruppen. Die Wiederbelebung der natürlichen Regulation ist das Ziel. Sie wirkt über viele Jahre und hat positive Nebeneffekte auch auf die Artendiversität und den ästhetischen Wert von Siedlungen und Kulturlandschaften. Zukünftig ist in der Bauleitplanung darauf zu achten, dass z. B. keine Steinschüttungen in den Gärten den Nützlingen ihren angestammten Lebensraum rauben. Jeder Mitbürger trägt Verantwortung für das Allgemeinwohl.

Erforderlich ist ein Zusammenwirken aller Flächennutzer. Der EPS kann Lücken in der Flächenbehandlung leicht und intensiv nutzen. Ebenso ungünstig ist eine unpassende Aktion zum falschen Zeitpunkt. Dadurch ist dann der Erfolg der gesamten Maßnahmen stark gefährdet.

Die Gemeindeverwaltung sollte regelmäßig zur EPS-Entwicklung berichten und die erforderlichen und durchgeführten Maßnahmen erläutern.

Bei den Präventivmaßnahmen ist der Standort entscheidend. Deshalb werden Vorschläge sowohl für den Wald, die Landwirtschaft als auch den urbanen Bereich angegeben. Ebenso sind bei den Maßnahmen zur Stärkung der natürlichen Regulation, die verschiedenen Antagonistengruppen und ihre spezifischen Lebensraumansprüche zu berücksichtigen.

5.2.1 Urbaner Bereich

Langfristig ist eine Prävention nur in der Neugestaltung des Stadtgrüns und der Neuausrichtung der Grünpflege möglich. Dies beinhaltet alle städtischen Flächen, also nicht nur die im kommunalen Besitz. Deshalb ist zuerst das Bewusstsein für die aktuelle Herausforderung zu schaffen. Die städtischen Flächennutzer müssen über die Lage informiert werden und ein umfassender Konsens ist zu schaffen. Dazu gehört Überzeugungsarbeit in Form von allgemeinverständlichen Informationsveranstaltungen mit fachlichem Hintergrund. Leitbilder sind zu entwickeln und entsprechende Zielkonzepte umzusetzen. Breite Aktionsbündnisse sind vorteilhaft. Insbesondere schon vorhandene Netzwerke, Programme und Förderungen sollten genutzt werden.

5.2.1.1 Netzwerke

Die **UN-Dekade Biologische Vielfalt** 2011–2020 unterstützt die Ziele und weltweiten Aktivitäten der Konvention über die Biologische Vielfalt (CBD), die in Deutschland in der Nationalen Strategie zur biologischen Vielfalt verankert sind. Im Rahmen der UN-Dekade finden in Deutschland verschiedene Aktivitäten statt, um mehr Menschen für die Erhaltung der biologischen Vielfalt, unserer natürlichen Lebensgrundlage, zu sensibilisieren.

Die biologische Vielfalt der Erde ist die Grundlage für unsere Ernährung und unsere Gesundheit. Sie umfasst die Tier- und Pflanzenarten einschließlich der Mikroorganismen, die Lebensräume und die genetischen Unterschiede innerhalb der Arten. Alle drei Bereiche sind eng miteinander verknüpft und beeinflussen sich gegenseitig: Arten sind auf bestimmte Lebensräume und andere Arten angewiesen. Die genetischen Unterschiede verbessern die Anpassungsfähigkeit an veränderte Bedingungen. Die Lebensräume wiederum sind von den jeweiligen Boden-, Klima- und Wasserverhältnissen abhängig. Sie macht Ökosysteme anpassungsfähiger, wenn sich Umweltbedingungen (Klimawandel) ändern.

Für 2019/2020 lautete das Schwerpunktthema der UN-Dekade Biologische Vielfalt „Insekten schützen – gemeinsam für die Vielfalt der Natur". Gesucht wurden Projekte, die zum Schutz von Insekten beitragen, ihre Lebensbedingungen verbessern und Wissen über die Arten und ihre Bedeutung für die biologische Vielfalt, die Ökosysteme und unsere Ernährung vermitteln.

Die Wiederherstellung, Verbesserung und Vernetzung strukturreicher Lebensräume für Insekten ist eine zentrale Aufgabe. Diese Lebensräume können sich in Agrarlandschaften und ländlichen Gebieten befinden, aber auch in städtischen Räumen im Bereich von Parks und Gartenanlagen oder auf Betriebsflächen öffentlicher Einrichtungen oder privater Unternehmen. Häufig verbindet sich die Erhaltung oder Verbesserung entsprechender Lebensräume mit Bewirtschaftungs- und Pflegeformen, die die Lebensbedingungen von Insekten begünstigen oder ihnen zumindest nicht schaden, in der Stadt und auf dem Land (www25).

Gärten, Balkone, Park- und Spielplätze sowie Grün- und Freiflächen sind oft noch in vielfältiger Weise optimierbar für nützliche Insekten und für den erholsamen Aufenthalt für die Bürger. Dieses Potenzial sollte man auch für die natürlichen Feinde des Eichenprozessionsspinners nutzen. Durch qualifizierte Neugestaltung und entsprechender Pflege dieser Flächen kann man mehr Stadtnatur und Lebensqualität erreichen. Diese Zielsetzung verfolgt das Förderprojekt **„Treffpunkt Vielfalt"** der Stiftung für Mensch und Umwelt und dem Wissenschaftsladen Bonn e.V. In verschiedenen Städten (z. B. Berlin, Erfurt, Dortmund und Bonn) wurde modellhaft erarbeitet, wie Artenvielfalt und Freiraumqualität zusammen gesteigert werden können (Webseite: www.pikopark.de). Mit Hilfe dieser Vorzeigeprojekte kann man zielgruppenspezifische Veranstaltungen durchführen und die Akzeptanz für das ökologische Grünflächenmanagement steigern. Ein weiteres Projekt für urbane Grünflächen nennt sich **„Tausende Gärten – Tausende Arten"** (http://bit.ly/1000gärten). Gemeinsam mit Gärtnereien, Saatgutbetrieben, Baumschulen und Gartenmärkten wird die naturnahe Gartengestaltung durch das Bundesumweltministerium und dem Bundesamt für Naturschutz gefördert. In dem Vorhaben soll ein Netzwerk von den genannten Betrieben Privatpersonen und Kommunen ein Angebot von regional angepassten Pflanzenpaketen mit heimischen Wildstauden erarbeiten.

Ein Bündnis aus über 250 Kommunen hat als Ziel den gemeinsamen Schutz und die nachhaltige Nutzung der biologischen Vielfalt (Webseite: https://www.kommbio.de/projekte/). Der Verein **Kommunen für biologische Vielfalt** bildet eine Plattform für die interkommunale Zusammenarbeit, unterstützt die inhaltliche Arbeit in den Kommunen und vermittelt kommunale Interessen auch an die Politik (www29). Neben dem regelmäßigen Fachaustausch über jährliche Workshops, Newsletter und das Internetportal haben zahlreiche Bündniskommunen gemeinsame Umsetzungsvorhaben initiiert, – wie etwa das Projekt **Stadtgrün – Artenreich und Vielfältig** (Webseite: stadtgruen-naturnah.de), in dessen Rahmen Städte und Gemeinden in Deutschland zur naturnahen Gestaltung und Pflege von Grün- und Freiflächen motiviert werden. Im Mittelpunkt steht das gleichnamige Label, das die Etablierung einheitlicher ökologischer Standards für den Umgang mit Grünflächen zum Ziel hat. Die Bewertungskriterien für das Label basieren auf den Grundsätzen für ein ökologisches Grünflächenmanagement. Dazu gehören u. a. die Verwendung gebietsheimischen Saatguts und Gehölzen, die Entsiegelung von versiegelten Flächen, die Vernetzung von

Grünflächen zu einem Biotopverbund, der Verzicht auf Herbizide und Pestizide, die Schaffung störungsarmer Bereiche oder die Beteiligung der Nutzer und Nutzerinnen an der Planung, Gestaltung und Pflege öffentlicher Grünflächen (www27). Ein weiterer dazu passender Wettbewerb vom Bundesumweltministerium (http://bit.ly/naturstadt) ist **„Naturstadt – Kommunen schaffen Vielfalt"**. In dem Projekt sollen naturnahe innerstädtische Flächen entstehen, die der Förderung von Insektenlebensräumen dienen.

In den genannten Vorhaben sind Maßnahmen zur Verbesserung der Vorkommen der natürlichen EPS-Regulatoren sehr gut integrierbar. Man kann also in Kooperation mit den genannten Vereinen und Institutionen auf deren Erfahrungen aufbauen und standortsbezogene ökologische Vorsorgemaßnahmen gegen den EPS treffen.

Firmenflächen sollten aber auch in die Überlegungen zur EPS-Prophylaxe einfließen. Sie machen einen nennenswerten Teil der urbanen Fläche aus. Oft sind sie über den eigentlichen Bedarf hinaus versiegelt. Im Förderprojekt **Außenstelle Natur** werden Firmen in der Region Hannover dazu aufgerufen, Verantwortung für die Biodiversität im urbanen Raum zu übernehmen und ihre Firmengelände umzugestalten. Vor allem kleine und mittlere Unternehmen (KMU) werden aufgefordert, ihre Gelände naturnah und vor allem insektenfreundlich umzugestalten; die Produktions- bzw. Arbeitsabläufe sollen durch die Umgestaltung nicht beeinträchtigt werden. Sie erhalten einen Saatgutzuschuss sowie eine Erstberatung durch einen Naturgärtner. Ebenso wird eine insektenfreundliche Beleuchtung der Betriebsgelände umgesetzt. Mit dieser Maßnahme wird auch die Ausbreitung des EPS über den Falterflug deutlich verringert. Die Strategie von „Außenstelle Natur" soll am Projektende aus der Modellregion Hannover auf andere Kommunen übertragbar sein. Ein gemeinsam mit der Forschungsgesellschaft Landschaftsentwicklung Landschaftsbau e.V. (FLL) erarbeitetes Regelwerk soll insbesondere Gartenbaubetrieben bei der naturnahen Gestaltung Hilfestellung geben (www28). Weitere unternehmerische Initiativen zur Förderung der Vielfalt findet man unter www36. In **„Unternehmen Biologische Vielfalt 2020"** (UBI 2020) z. B. engagieren sich das Bundesumweltministerium, Wirtschaftsverbände und Naturschutzorganisationen für eine Trendwende beim Verlust der biologischen Vielfalt. Weltweit engagiert sich z. B. die Initiative "**Biodiversity in Good Company**". Darin haben sich Unternehmen verschiedener Branchen zusammengeschlossen, um sich gemeinsam für den Schutz und die nachhaltige Nutzung der weltweiten Biodiversität zu engagieren. Ziel ist es, den dramatischen Verlust an Ökosystemen, Arten und genetischer Vielfalt aufzuhalten, indem die nachhaltige Nutzung der biologischen Vielfalt in das betriebliche Umwelt- bzw. Nachhaltigkeitsmanagement integriert wird (www37).

Einen Überblick zu den Biodiversitätsstrategien der einzelnen Bundesländer findet man auf der BfN-Webseite www38.

Natur in der Stadt wirkt sich auf die psychische und physische Gesundheit positiv aus. Sie führt dazu, dass die Wohnumgebung als angenehmer und schöner bewertet wird und die Wohnqualität und die Lebenszufriedenheit, sowie das Wohlbefinden, steigen. Eine vielfältige und jahreszeitlich abwechslungsreiche Stadtnatur trägt dazu bei, Aufmerksamkeit, Konzentrationsvermögen und kognitive Leistungsfähigkeit von Stadtbewohnerinnen und Stadtbewohnern zu erhöhen. Die Beobachtung der jahreszeitlichen Erscheinungen und der Verhaltensweisen der Tiere ermöglichen wieder ein Erleben naturnaher Abläufe. Dies kann hervorragend von Kindergärten und Schulen pädagogisch genutzt werden. Städtisches Grün kann auch der Entstehung von Aggressivität und Kriminalität entgegenwirken, die wahrgenommene Sicherheit verbessern und das Stressniveau senken. Grünanlagen verfügen über ein unterschätztes, aber hohes Potenzial, sozialräumlichen Polarisierungen von städtischen Gebieten entgegenzuwirken. Kommunale Grünräume können dazu beitragen, gesundheitliche Risiken (z. B. als Folge von Lärm, Luftverschmutzung, klimatischen Extrema) zu verringern. Öffentliche Grünräume sind zudem Orte der Bewegung, Begegnung und Erholung für unterschiedlichste Alters- und Einkommensgruppen und haben damit gesundheitsförderliche und soziale Wirkungen. Natürliche und naturnahe urbane Grünräume besitzen damit eine hohe Public-Health-Relevanz (ergänzt nach [81]). Das sind einige Nebeneffekte der erforderlichen Maßnahmen zur EPS-Prophylaxe.

Im Kapitel „Natürliche Regulation der EPS-Populationen durch Antagonisten" wurden die potenziellen Helfer genannt. Eine langfristige Strategie zur Eindämmung des EPS muss die Aktivierung der natürlichen Gegenspieler (Antagonisten) beinhalten.

Zuerst werden die Gegenspieler der EPS-Falter besprochen, denn durch ihre Beutezüge kann die Ausbreitung der Schädlinge deutlich gemindert werden.

5.2.1.2 Fledermäuse

Fledermäuse leben in enger Nachbarschaft mit dem Menschen. Sie besiedeln Kirchen und andere öffentliche Gebäude (z. B. das historische Duderstädter Rathaus), Betriebsgebäude von Firmen und Verwaltungen, forst- und landwirtschaftliche Gebäude sowie private Wohnhäuser. Daraus ergibt sich eine besondere Verantwortung für diese nützlichen Mitbewohner. Entsprechend sind Gebäudesanierungen auf bestehende Fledermaus-Quartiere zeitlich und räumlich abzustimmen. Hier sind auch z. B. Holzschutzmittel zu verwenden, die für Warmblüter verträglich sind; oder der Einbau von Fledermausziegeln ist zu berücksichtigen. Baumquartiere finden sich oft in Specht- und Fäulnishöhlen, Stammaufrissen oder hinter abstehender Rinde. Die Eignung von Bäumen für die Anlage von Spechthöhlen steigt ab einem Baumalter von ca. 80 Jahren stark an. Allgemein steigt die Attraktivität von Bäumen für Fledermäuse mit dem Gehölzalter. In Wäldern nutzen Fledermauskolonien oft viele Baumhöhlen, zwischen denen sie regelmäßig wechseln. Oft nutzen Fledermäuse über viele Jahre und Jahrzehnte dieselben Quartiere bzw. Quartierverbunde. Es entwickeln sich Nutzungs-Traditionen. Bei der Baumpflege und Baumsanierung sollten Höhlenbäume sowie Totholz weitgehend geschont werden. Besonders bei flächigen Gehölzbeständen ist der Pflegeeingriff abseits von Wegen ohne Schwierigkeiten extensivierbar. In den Jagdgebieten der Fledermäuse, sprich in der Nähe der Eichen, sollte immer eine Möglichkeit der Wasseraufnahme bestehen (siehe auch Artkapitel Braunes Langohr). Ein Garten- oder Parkteich reicht aus. Vorhandene Fledermaus-Spezialkenntnisse vor Ort von ehrenamtlichen Kräften sollten stets bei der Planung eingebunden werden. Bei fehlendem oder geringem Quartierangebot für Fledermäuse aufgrund geringaltriger Gehölzbestände sollten übergangsweise Fledermauskästen ausgebracht werden. Diese sind aber nicht an den Eichen anzubringen, denn die eindringenden EPS-Raupenprozessionen würden die Fledermäuse aus den Kästen vertreiben. Die Ausbringung sollte immer in Gruppen von ca. 7 bis 10 Kästen erfolgen. Dabei sind alle Kastentypen einzusetzen: Flach-, Tief- und Rund- sowie Großraumkästen (z. B. auch als Überwinterungshilfe). Die Häufigkeit des eingesetzten Kastentyps sollte entsprechend der vorherigen Reihenfolge gewählt werden. Die Beschaffenheit von Fledermauskästen reicht von unbehandeltem Holz bis Holzbeton (80 % Sägemehlanteil) (verändert und ergänzt nach [57]). Ist die Ausbringung sehr aufwändig, sollte der dauerhaftere Holzbeton eingesetzt werden. Ansonsten ist unbehandeltes Holz völlig ausreichend. Im Internet und in der allgemein verständlichen Fledermausliteratur existieren zahlreiche Bauanleitungen. Im Rahmen von Schulprojekten und in Zusammenarbeit mit Naturschutzverbänden können öffentlichkeitswirksame Aktionen durchgeführt werden. Langfristig sollte aber auch die qualifizierte Minimalbetreuung gewährleistet sein.

5.2.1.3 Vögel

Vögel sind ebenfalls erfolgreiche Jäger von EPS-Faltern. Zusätzlich nehmen auch viele Arten die Raupen im ersten und zweiten Stadium auf und einige wenige Vogelarten auch Raupen im dritten und höheren Entwicklungsstadium. Hier ist die Kohlmeise als Hauptvertilger von älteren EPS-Raupen hervorzuheben. Diese Art ist weit verbreitet, nicht selten und kann durch uns gefördert werden. Die nachfolgenden Maßnahmen dienen der Bestanderhöhung von häufigen Singvögeln im urbanen Bereich, insbesondere von Meisen. Seltene Vogelarten werden aber damit nicht erreicht. Es handelt sich also nicht um Artenschutz. Die durchgehende Winterfütterung sollte unter Einbindung von möglichst vielen Flächeneigentümern (Bürgern, Firmen, Kirchen, Stiftungen, Hochschulen, Schulen, Kindergärten, Vereine, Forst- und Landwirtschaft, ...) erfolgen. Sie ermöglicht eine höhere Dichte von Kohlmeisen an einem Ort aufzubauen. Das Taubenfütterungsverbot in einigen Stadtzonen ist dabei zu beachten. Das Vogelfutter sollte frei von Ambrosia-Samen sein, um diesen gefährlichen Neophyten nicht weiter zu verbreiten. Sobald die ersten EPS-Raupen schlüpfen, ist die Fütterung schleichend innerhalb einer Woche einzustellen. Parallel sollte eine regelmäßig gereinigte, flache Vogeltränke ganzjährig zur Verfügung stehen. Sie sollte mindestens 2 m zum nächsten Strauch entfernt sein. Der Abstand dient der Vermeidung von Singvögel-Verlusten durch Katzenprädation. Zusätzlich sind gesicherte Vogelnistkästen auszubringen. Diese dürfen nicht an den Eichen hängen. Auch hier vertreiben die EPS-Raupenprozessionen die Brutvögel aus den Nistkästen. Alle Nistkästen müssen eine sogenannte „Mardersicherung" aufweisen. Meist ist dies eine Metallspirale am Einflugsloch. Diese verhindert das Herausangeln der Jungvögel durch Marder, Waschbären, Katzen, Bilche und Eichhörnchen. Die genannten Räuber können im urbanen Bereich in sehr hohen Dichten vorkommen und drastisch die Singvogelpopulation reduzieren. Ebenso unterbindet die Sicherung das Aufmeißeln durch den Buntspecht. Das Einflugloch sollte 32–34 mm (Ø) weit sein. In einem großen Baum können auf Abstand zwei Kästen aufgehängt werden. Aber auch an Gebäudewänden ist dies möglich. Die Wetterseite ist dabei zu meiden. Je zwei Eichen sollten im Einzugsbereich eines Vogelkastens liegen. Die jährliche Wartung der Kästen ist zu sichern.

5.2.1.4 Insekten/Blühstreifen

Etwa 70 Prozent aller Tierarten in Deutschland sind Insekten. Sie bestäuben Blüten, sind wichtige Gegenspieler von „Schadinsekten", bauen organische Masse ab, verbessern Böden und reinigen Gewässer. Circa 80 Prozent der Nutzpflanzen und mehr als 90 Prozent der Wildpflanzen sind ganz oder teilweise von Bestäubung abhängig.

Zahlreiche Tiere ernähren sich von Insekten. Dazu zählen viele Vögel, aber auch Insekten selbst. Seit Jahren gehen die Häufigkeit und Verbreitung vieler Insektenarten stark zurück, und auch die Artenvielfalt der Insekten in vielen Lebensräumen nimmt ab. Die Ursachen sind vielfältig und komplex. Der Verlust oder die Verschlechterung ihrer Lebensräume, mangelnde Strukturvielfalt, der Rückgang vieler Wildpflanzen, der Einsatz von Pestiziden, der Eintrag von Nähr- und Schadstoffen in Böden und Gewässer sowie die zunehmende Lichtverschmutzung spielen eine Rolle (www16).

Die große Vielfalt an Insekten und ihre enormen Leistungen für die Ökosysteme und unsere Gesellschaft sind vielen Leuten nicht bewusst. Diese Wissenslücke sollte für jede Kommune eine Herausforderung für ihre Kommunikation sein. Projekte im Bereich **„Bildung für nachhaltige Entwicklung"** (BNE) können durch das Bundesministerium für Bildung und Forschung (BMBF) gefördert werden. "Wenn der Wandel zu einer nachhaltigen Gesellschaft gelingen soll, muss Nachhaltigkeit lokal verankert und vor

Ort mit Leben gefüllt werden. Eine große Zahl von Kommunen hat Nachhaltigkeit bereits als Standortfaktor und Thema der Zukunft erkannt. Viele Kommunen haben sich auf den Weg gemacht, z. B. die 21 ausgezeichneten UN-Dekade-Kommunen, die über viele Jahre hinweg Expertise und Netzwerke zur BNE aufgebaut haben, die über 50 BNE-Kommunen, die am 2015 gestarteten BMBF-Wettbewerb Zukunftsstadt teilgenommen haben, sowie die Kommunen, die jedes Jahr vom BMBF und der Deutschen UNESCO-Kommission beim BNE-Agenda-Kongress für ihre herausragende BNE-Praxis ausgezeichnet werden. Diese guten Beispiele zeigen, dass Kommunen eine wichtige Rolle bei der Umsetzung einer erfolgreichen Bildung für nachhaltige Entwicklung (BNE) haben" (www30).

Zur Förderung der biologischen Regulation sind die Insekten von entscheidender Bedeutung. Oft fehlt für die adulten Gliedertiere die Nahrung. Deshalb sind entsprechende Angebote wiederherzustellen. Der Lebensraum sollte Nahrung und Unterschlupf zur Überwindung ungünstiger Perioden (Winter, Trockenheit, ...) bieten [73]. Dazu sind Blühstreifen hervorragend geeignet. Die Samen-Mischungen sollten artenreich sein, um möglichst lange und vielfältige Blühaspekte zu garantieren und witterungsbedingte Ansaatrisiken zu vermindern. Für möglichst große ökologische Effekte ist auf unterschiedliche Wuchshöhen, Pflanzenfamilien, Blühzeitpunkte und Blütenfarben zu achten [74]. Während der Vegetationsperiode ist ein durchgehender Blühhorizont mit gut verfügbarem Pollen und Nektar zu gewährleisten. Die adulten Insekten haben einfache kauend-beißende Mundwerkzeuge. Mit diesen können sie nur leicht erreichbaren Nektar oder Pollen gewinnen. Die Doldenblütler (Umbelliferen) sind aufgrund ihrer Blütenmorphologie sehr gute Nährpflanzen. Sie sollten immer zahlreich in den Blühstreifen eingesetzt werden. Die Blühzeiten der heimischen Pflanzen können aus dem Rothmaler-Atlasband [75] entnommen werden. Bei der Auswahl der Pflanzensamen sollten keine Exoten eingesetzt werden. Im ersten Jahr sind diese oft optisch sehr attraktiv, danach allerdings treten massive Probleme auf. Auch sterile oder gefüllte Blüten sind zu vermeiden. Bei der Auswahl sollte auch die Attraktivität der Blüten [76] für die Insekten berücksichtigt werden. So lockte die Schafgarbe (*Achillea millefolium*) räuberische Käfer, die Acker-Witwenblume (*Knautia arvensis*) und Magerwiesen-Margerite (*Leucanthemum vulgare*) insbesondere parasitoide Hautflügler und die Kornblume (*Cyanus segetum*) Schwebfliegen an [76]. Mehrjährige Wildpflanzenmischungen mit gebietseigenen Wildarten reduzieren erheblich den Arbeitsaufwand. Wenn möglich, sind regionale Herkünfte des Samenmaterials zu bevorzugen. In Deutschland gibt es aktuell zwei Siegel für Regiosaatgut (www39 & www40). Für die jeweiligen Standorte in der Stadt oder am Waldesrand existieren erprobte Samenmischungen. Hier sollte man keine eigenen Experimente wagen, sondern auf vorhandenes Expertenwissen setzen. Bei den bekannten und zertifizierten Saatgut-Herstellern wird kompetent beraten und eigene Wünsche (z. B. nach heimischen Doldenblütlern) können bei der Mischung berücksichtigt werden. Auf den Nährstoffgehalt des Standorts abgestimmte Mähintervalle und Mähbereiche sind dem jeweiligen Jahresverlauf anzupassen. Die Aussamung sollte immer gewährleistet sein. Eine großflächige Mahd und Mulchen sollten unterbleiben. Stattdessen sind Teilrückschnitte zielführender. Über den Winter sollte die Fläche eine abwechslungsreiche Struktur aufweisen. Dies ist auch für Vögel (z. B. Distelfinken) attraktiv. Für den Erhalt der EPS-Antagonisten sollte das Schnittgut nicht sofort zerkleinert oder abtransportiert werden. Besser ist eine zweitägige Lagerung vor Ort. Das Schnittgut kann als Einstreu, mageres Futter oder für Biogas-Anlagen verwendet werden. Zu verzichten ist auf Mähroboter, Laubsauger und -bläser. Diese vernichten nachhaltig die schon vorhandenen Nützlings-Populationen. Das Auftreten von Blattläusen an der Schafgarbe z. B. fördert durch die Honigtauproduktion die Anlockung von weiteren EPS-Antagonisten. Deshalb sollte der Blühstreifen nicht mit Pflanzenschutzmitteln behandelt werden. Die Anlage der Blühstreifen ist auf allen urbanen Flächen erforderlich, sprich kommunalen, privaten und Betriebsflächen. Eine alleinige Durchführung nur auf kommunalen Flächen ist oft nicht ausreichend. Deshalb sollte zuerst die Öffentlichkeit informiert und die Betriebe gezielt angesprochen werden. Unbedingt sind auch die Eintrittspforten des EPS (z. B. angrenzende Waldbestände und Feldgehölze) zu berücksichtigen. Deshalb sind die größten Flächennutzer, also Forst- und Landwirtschaft, sowie der Straßenbau mit in die Planung einzubinden.

Für eine erfolgreiche Anlage ist die Auswahl des richtigen Standortes sehr wichtig. Grundsätzlich können Blühstreifen und -flächen auf Standorten mit sehr unterschiedlichem Nährstoffgehalt (Bodenwertzahlen) angelegt werden. Dabei ist aber auf einige Punkte zu achten:

- Besonders empfehlenswert ist die Anlage entlang bestehender Strukturen wie Hecken, Natursteinmauern, Alleen, Baumreihen, Streuobststreifen oder Park- und Waldrändern.
- Wenn möglich, sollte immer eine sonnige Lage gewählt werden. Bevorzugt ist die Südseite der genannten Strukturen zu nutzen, da durch zu starke Beschattung die Entwicklung der Pflanzen behindert werden kann.
- Insbesondere magere Standorte haben ein besonders gutes Entwicklungspotenzial. Hierbei ist je nach Standort auf die passende Auswahl der Saatmischung zu achten.
- Sandwege, alte Kiesgruben, Ruderalflächen, alte Gleisanlagen, Steilwände sind wichtige Habitate von z. B. Wildbienen. Sind sie in der Nähe, wird ein Streifen in der Regel schneller besiedelt.
- Je breiter ein Streifen angelegt wird, umso wirksamer ist er.
- Keine Flächen mit größeren Beständen ausdauernder Unkrautarten (z. B. Ackerkratzdistel, Quecke) nutzen, da diese schnell bestandsbildend werden können.
- Keine dauerhaft nassen Flächen auswählen, da auf solchen Standorten die Entwicklung der gewünschten Kräuter gehemmt wird und sich schneller von Gräsern dominierte Bestände entwickeln können.

(leicht verändert nach [74])

Wildpflanzenarten benötigen andere Wachstumsbedingungen als die bekannten Kulturarten. So sind auch Herbstaussaaten möglich, die bis zur Vegetationsruhe das Rosettenstadium erreichen. Diese Pflanzen können aufgrund ihres Entwicklungsvorsprungs bereits im ersten Förderjahr blühen:

- Die Herbstaussaat erfolgt von August bis Mitte September (spätestens bis Ende September). In Regionen mit häufiger Frühjahrstrockenheit sollte die Herbstaussaat bevorzugt werden.
- Die Frühjahrsaussaat ist bis Ende April (in Regionen mit starker Frühjahrstrockenheit möglichst bis Mitte April) zu empfehlen.
- Späte Ansaaten sind zu vermeiden. Bei Herbstaussaaten im Oktober/ November sind die Verluste bei den Jungpflanzen höher. Rechtzeitig ausgesät entwickeln sich Rosetten, die im Folgejahr bereits blühen können.

Die Keimung von Wildpflanzen verläuft uneinheitlich und zum Teil stark verzögert. Bei einigen Arten muss z. B. erst ein Keimschutz gebrochen werden (z. B. durch Kälte oder längere Feuchtigkeit). Auch innerhalb einer Art werden nie alle Samen auf einmal keimen. Hierbei handelt es sich um einen natürlichen Mechanismus, der Totalausfälle einer Art (z. B. bei plötzlicher Trockenheit kurz nach der Keimung) verhindert [74]

Einen anschaulichen Bericht zu den Erfahrungen einer Gemeinde (Haar, Landkreis München), die seit 1998 auf Nachhaltigkeit umgestellt hat, liefert Herr Dr. Reinhard Witt auf www41.

Der „Verein für naturnahe Garten- und Landschaftsgestaltung" bietet eine deutschlandweite Übersicht von praktischen Beispiele naturnaher Grünflächen auf seiner Homepage (www43). Viele Anlagen können auch besichtigt werden.

Das „Netzwerk Blühende Landschaft" (www44) möchte Menschen für die Schaffung und Pflege der Lebensräume von blütenbesuchenden Insekten begeistern, gewinnen und befähigen. Gemeinsam gestaltet und verbessert das Netzwerk Lebensräume, um die Vision einer lebenswerten blühenden Landschaft zu erreichen. Das Netzwerk wurde durch Initiative von Mellifera e.V. von Naturschutzverbänden, Landwirtschaftsverbänden, Imkerverbänden und weiteren Institutionen gegründet, um auf eine Veränderung der gesamten Kulturlandschaft für bestäubende Insekten hinzuarbeiten. Neben den Verbänden gehören dem Netzwerk heute auch Einzelpersonen, regionale Initiativen (Regionalgruppen), Kommunen und weitere an. Das Netzwerk erarbeitet gemeinnützige Handlungsempfehlungen für Praktiker, Unternehmen und Politik, um die Situation Blüten bestäubender Insekten auf Landschaftsebene zu verbessern.

Von privater Seite berichtet Herr Dr. Paul Westrich (www42) vorbildlich über die Förderung einer vielfältigen Wildflora in Gärten.

5.2.2 Landwirtschaft

Für die Landwirtschaft ist das Projekt F.R.A.N.Z. (www22) zu nennen. In dem Projekt F.R.A.N.Z. (Für Ressourcen, Agrarwirtschaft & Naturschutz mit Zukunft) erproben Naturschützer und Landwirte gemeinsam auf zehn typischen landwirtschaftlichen Demonstrationsbetrieben Maßnahmen, die dem Naturschutz dienen und gleichzeitig praxistauglich und wirtschaftlich tragfähig sind. Die erfolgreich umgesetzten Maßnahmen werden auch über das Netzwerk der Demonstrationsbetriebe hinaus kommuniziert und verbreitet. Das Verbundprojekt F.R.A.N.Z. wird von der Umweltstiftung Michael Otto und dem Deutschen Bauernverband durchgeführt. Wissenschaftlich begleitet wird es durch die Thünen-Institute für Ländliche Räume, Betriebswirtschaft und Biodiversität sowie die Universität Göttingen und das Michael-Otto-Institut im NABU. Das Projekt wird ressortübergreifend unterstützt. Die Förderung erfolgt mit Mitteln der Landwirtschaftlichen Rentenbank, mit besonderer Unterstützung des Bundesministeriums für Ernährung und Landwirtschaft und der Bundesanstalt für Landwirtschaft und Ernährung sowie durch das Bundesamt für Naturschutz mit Mitteln des Bundesministeriums für Umwelt, Naturschutz, Bau und Reaktorsicherheit. Die Bundesministerien für Landwirtschaft und Umweltschutz haben die Schirmherrschaft für das Projekt übernommen (www22). Nach zwei Jahren Laufzeit hat das Projekt 2019 den Deutschen Nachhaltigkeitspreis Forschung gewonnen. Auf der Projekt-Homepage sind auch Angaben zum Anbau von mehrjährigen Blühstreifen enthalten. Einen sehr guten Überblick zu den Ordnungs- und förderrechtlichen Rahmenbedingungen für die Umsetzung von Agrarumweltmaßnahmen in den einzelnen Bundesländern findet man in Budde-von Beust et al. [77]. Darin sind auch viele hilfreiche Adressen und Kontakte aufgelistet. Zu speziellen Fördermöglichkeiten für Ökobetriebe sind auf www23 ausführliche Darstellungen zu finden.

5.2.3 Forstwirtschaft

Im Wald ist der wirksamste Schutz vor den Brennhaaren das Meiden der befallenen Areale. Dazu sind die betroffenen Waldbereiche, Spazierwege, Erholungsanlagen usw. zu sperren und entsprechende Warnschilder anzubringen. Unbedingt sollte in den Medien gleichzeitig intensiv und wiederholt auf die besondere Gefahr hingewiesen werden. Wo eine Sperrung nicht realisierbar ist, zum Beispiel im Bereich von Wohngebieten, Arbeitsplätzen, Kindergärten und Erholungsanlagen, müssen Akutmaßnahmen (siehe nächstes Kapitel) erfolgen (verändert nach [16]).

Vorbeugend gegen den EPS-Befall sollten Fledermäuse, Vögel und Insekten gefördert werden. Wälder sind weltweit Zentren höchster Fledermausaktivität. In Mitteleuropa dienen sie nahezu allen Arten als Nahrungsraum und mehr als die Hälfte der in Deutschland vorkommenden Arten sucht obligatorisch Baumhöhlen auf. Deshalb ist die dauerhafte Besiedlung durch ein angepasstes Höhlenangebot zu sichern. Durch Erhöhung der Umtriebszeit kann der Umfang der höhlenfähigen Bestände erweitert werden. Alteichenbestände beherbergen in der Regel die höchsten Quartier- und Artendichten. Auf starke Lichtungshiebe sollte verzichtet werden. Zur Eichen-Verjüngung sollten natürlich entstehende Lichtschächte und Sturmwurf- sowie Bruchflächen verwendet werden. Allgemein sollten die Waldflächen ungleichmäßig verjüngt werden [94]. Fledermäuse benötigen immer Wechselhöhlen, d.h. es müssen mehr geeignete Höhlen vorhanden sein als theoretisch notwendig. Bei unzureichend natürlichem Höhlenangebot sollten entsprechende Kästen aufgehängt werden. Eine ausreichende Zahl von Quartieren, für eine natürlich zusammengesetzte Fledermauspopulation in einem ca. 120-jährigen Wirtschaftswald, sind mindestens 30 Höhlen pro Hektar [78]. Zusätzlich sollte ein Teich angelegt werden, wenn kein natürliches Gewässer vorhanden ist.

Der Aufbau von gestuften Waldrändern mit abwechslungsreichen Blühsäumen und der nachhaltigen Pflege dieser Strukturen ist deutlich zu erhöhen, um den Insekten wieder Lebensräume zurückzugeben. Dadurch wird zusätzlich auch die Windwurf- und Bruchgefahr gemindert. Für kommunale und private Wälder existieren in fast allen Bundesländern Fördermaßnahmen zur Gestaltung und Pflege naturnaher Waldränder (www34). Die krautigen Blühsäume sind oft der angrenzenden Konkurrenz der Flächennutzungen unterlegen. Deshalb sind entsprechende Erhaltungsmaßnahmen erforderlich. Auch die Rückegassen könnten zur Anlage der Blühstreifen genutzt werden. Dies würde eine gleichmäßige Verteilung der Nahrungsressourcen für die blütenbesuchenden Nützlinge bedeuten und damit eine flächige Sicherung der Waldbestände.

Reine Eichenbestände können durch Nadelbaumstreifen untergliedert werden. Diese Streifen können den Kahlfraß von Spannerraupen und Eichenprozessionsspinnerlarven unterbrechen. Außerdem erhöhen Mischungen aus Eiche und Lärche den Bestand an hügelbauenden Waldameisen. Die Ansiedlung von Waldameisen sollte aktiv mit der Waldameisenschutzwarte betrieben werden. Stark erhöhte Wildschwein-Bestände gefährden die Bauten und damit die Nester der Waldameisen. Ein entsprechendes Wildtiermanagement ist deshalb notwendig.

Die zukünftige Forstwirtschaft muss mit natürlichen Prozessen stärker als bisher arbeiten. Die zunehmend sich verschärfende Lage durch den Klimawandel und die häufigeren Stürme sowie Trockenzeiten führen zu immer mehr geschwächten Bäumen. Eine angepasste Wilddichte kann eine zusätzliche Schwächung verhindern. Die Applikation von Breitbandinsektiziden verursacht einen ansteigenden Rückgang der natürlichen Regulatoren. Dieser wiederum, in Kombination mit den zuvor genannten Faktoren, erlaubt einigen Forstschädlingen mehr und mehr Möglichkeiten der flächigen Ausbreitung und Massenvermehrung. Der Erhalt der Waldökosysteme und der damit verbundenen Arbeitsplätze sind von prioritärer, bundesweiter Bedeutung. Der Forst weist ein sehr gut ausgebildetes Personal auf. Dadurch kann flächendeckend und mit hervorragenden Ortskenntnissen die Aufgabe angegangen werden. Die Wiederbelebung der natürlichen Regulationssysteme ist unsere Aufgabe. Auch der Einsatz von nicht heimischen Baumarten und der temporäre Bau von wildkatzenverträglichen Zäunen können für den Walderhalt erforderlich sein.

Die sehr übersichtliche Vegetationsgestaltung unserer Straßen ist stark optimierbar. Die **Straßenbauverwaltung** sollte das Straßenbegleitgrün von Eichenalleen oder von angrenzenden Eichenbeständen mit einem adäquaten Angebot für EPS-Antagonisten ausstatten. Die kontinuierliche Entnahme von Insekten durch Fahrzeuge bedarf der Kompensation. In Zusammenarbeit mit der Forst- und Landwirtschaft sind geeignete Flächen für die notwendigen Pflanzstandorte zu schaffen. Die mehrjährigen Stauden-Blühsäume mit reichhaltigem Doldenblütlerbestand sollten in regelmäßigen Intervallen, zeitversetzt gepflegt werden. Der Rückschnitt sollte in 20–25 m Teilstücken erfolgen. Ein Mulchen oder Düngen der Flächen ist zu unterlassen.

5.3 Akutmaßnahmen / Bekämpfung der Raupen und deren Nester

5.3.1 Planung

Von den Brennhaaren geht eine erhebliche Gesundheitsgefahr für die Mitarbeiter von EPS-Bekämpfungsfirmen aus. Deshalb ist der Arbeitgeber verpflichtet, ausreichende Schutzmaßnahmen für seine Angestellten durchzuführen. Dies sollte immer bei den Ausschreibungen und der Vergabe von entsprechenden Aufträgen berücksichtigt werden. Zunächst muss der Unternehmer die Gefährdung analysieren und die Ergebnisse in einer Betriebsanweisung zusammenfassen. Die ausführenden Mitarbeiter sind anhand dieser Betriebsanweisung zu unterweisen und sie benötigen eine arbeitsmedizinische Vorsorgeuntersuchung, die bestätigt, dass sie die belastenden Arbeiten ausführen können. Am Einsatzort muss ein Ersthelfer anwesend sein und die Arbeiten dürfen nicht alleine ausgeführt werden. Der Arbeitsbereich ist deutlich zu kennzeichnen und gegen unbefugten Zutritt abzusichern. Bei Zuwiderhandlungen ist unverzüglich die Polizei zu verständigen. Während des Arbeitseinsatzes ist kontinuierlich die Windrichtung zu überprüfen und die jeweiligen Standorte der Mitarbeiter zu optimieren. Oberstes Ziel ist die vollständige Entfernung der gefährlichen Materialien mit möglichst geringer Kontamination der Ausführenden. Den Mitarbeitern muss eine einsatznahe Waschgelegenheit zur Verfügung stehen, sowie eine Erste-Hilfe-Ausrüstung mit Augenspülflaschen. Deren Haltbarkeit ist regelmäßig zu überprüfen (verändert und ergänzt nach [79]). Die Persönliche Schutzausrüstung wird nachfolgend erläutert.

Die Akutmaßnahmen zum EPS-Management sind entsprechend dem Befallsort zu wählen.

Folgende Schritte zur Planung der Akutmaßnahmen sind erforderlich:

- Einsatzmittelplanung
- Personalplanung
- Einweisungen und Unterweisungen
- Unfallverhütungsvorschriften

5.3.1.1 Einsatzmittelplanung

Die richtige Wahl der Einsatzmethode und -mittel minimiert die Gefahren für die Mitarbeiter und die Umgebungskontamination.

5.3.1.1.1 Arbeitsbühnen

5.3.1.1.1.1 Gelenkteleskop-Arbeitsbühne

Es muss sich anhand des beauftragten Gebietes für einen bestimmten Arbeitsbühnentyp entschieden werden.

Der Einsatz einer Gelenkteleskoparbeitsbühne ist sinnvoll, wenn ganze Straßenzüge oder Alleen abgearbeitet werden. Der größte Vorteil liegt darin, dass man diesen Typ der Arbeitsbühnen aus dem Korb heraus bewegen kann und so die Rüstzeiten zwischen den einzelnen Bäumen entfallen.

Ein weiterer Vorteil dieses Arbeitsbühnentyps liegt in seiner großen seitlichen Auslage. Dadurch ist ein häufiges Manövrieren in der Regel nicht notwendig.

Es ist bei der Auswahl der Arbeitsbühne im Vorfeld darauf zu achten, welches Gelände befahren werden soll. Für den Einsatz auf unbefestigtem Untergrund werden Arbeitsbühnen mit Allradantrieb empfohlen.

Für unbefestigte Untergründe ist ebenfalls auf das hohe Eigengewicht dieses Arbeitsbühnentyps zu achten (ca. 15 Tonnen bei 26 m Arbeitshöhe). Bei hoher seitlicher Auslage kann es zum Einsinken der Arbeitsbühne in den unbefestigten Untergrund kommen. Im Extremfall besteht sogar die Gefahr des Umkippens der Arbeitsbühne.

Der Nachteil liegt in der geringen Fahrgeschwindigkeit. Der Baustellenwechsel ist nur mit LKW-Transport ökonomisch.

Eine vollständige Reinigung der Arbeitsbühne ist im normalen Arbeitsablauf nicht möglich. Deshalb ist dem Arbeitsbühnen-Verleiher vor Arbeitsbeginn der Zweck des Einsatzes mitzuteilen. Der Verleiher muss die spezielle Reinigung nach dem EPS-Bekämpfungseinsatz in Auftrag geben. Diese zusätzlichen und nicht unerheblichen Kosten sind in der Kalkulation zu berücksichtigen.

Bei Nichtbekanntgabe des Einsatzzweckes und Abgabe einer kontaminierten Arbeitsbühne kann der Verleiher den Unternehmer wegen fahrlässiger Körperverletzung anzeigen.

5.3.1.1.1.2 Arbeitsbühnen auf LKW Basis

Für Solitärbäume ist der Einsatz von LKW-Arbeitsbühnen gut geeignet. Diese Arbeitsbühne kann schnell von Baustelle zu Baustelle verlegt werden. Ein weiterer Vorteil sind die Verstaumöglichkeiten für den sicheren Transport von Notstromerzeuger sowie Staubsauger der Gruppe „H".

Auch bei diesem Arbeitsbühnentyp gilt: Einsatzzweck dem Verleiher bekanntgeben und eine Reinigung durch den Verleiher in Auftrag geben.

5.3.1.1.2 Unterstützungsfahrzeug (bei Bedarf mit Anhänger)

Zur Verbringung des Einsatzmaterials zur Einsatzstelle werden die Fahrzeuge des Fuhrparks genutzt. Hierbei ist es unerheblich, ob es sich um ein Pritschenfahrzeug oder ein Fahrzeug mit Anhänger handelt.

Aufgrund der Gefahr, die von den Brennhaaren für die Mitarbeiter ausgeht, ist einzig darauf zu achten, dass die kontaminierten Einsatzmittel nicht in der Kabine oder Fahrgastzelle des Fahrzeuges transportiert werden müssen, um die Belastung der Mitarbeiter durch Brennhaare zu minimieren.

5.3.1.1.3 Einsatzmittel für die Bekämpfung

Um ein zügiges und wirtschaftliches Bearbeiten des Auftrages zur Bekämpfung des EPS gewährleisten zu können, empfehlen die Autoren eine n+1 Strategie. Diese besteht darin, dass der Anwender immer auf ein gleichwertiges Ersatzgerät (z. B. Notstromaggregat) Zugriff haben sollte. Es bedeutet nicht, dass man das Gerät schon im Vorfeld erwirbt. Aber man sollte einen Plan haben, wie man in kürzester Zeit das ausgefallene Gerät ersetzen kann. Das kann durch den zusätzlichen Kauf eines Gerätes geschehen oder aber auch durch Abzug von Geräten aus anderen Baustellen. Es muss sichergestellt sein, dass die Ersatzgeräte die gleiche Qualität wie das zu ersetzende Gerät aufweisen. Ein Staubsauger der Klasse „H" kann nur durch einen Staubsauger der Klasse „H" ersetzt werden. Wir empfehlen den zusätzlichen Kauf der Geräte auf Lagerbasis. Nur so ist ein fast unterbrechungsfreies Arbeiten bei Ausfällen von Geräten sichergestellt.

Tab. 2: Auflistung der benötigten Arbeitsmittel und Verbrauchsmaterialien

Menge	Einheit	Bezeichnung	Bemerkung
2	Stück	Staubsauger mit Filter Klasse „H" Asbest	n+1 Strategie
2	Stück	Notstromversorgungs-aggregate	n+1 Strategie
1	Rolle	Müllsäcke schwarz	Der schwarze Müllsack ist für den Erstkontakt. Das bedeutet: in den schwarzen Müllbeutel werden zum Beispiel die Auffangbeutel aus dem Staubsauger der Gruppe "H" entsorgt.
1	Rolle	Müllsäcke blau	Sekundärverpackung! Der schwarze Müllbeutel wird in den blauen Müllsack entsorgt.
100	Stück	Kabelbinder	Mit den Kabelbindern werden die Müllsäcke fest verschlossen
3	Stück	Flaschengreifzangen	Werden zum Aufnehmen der Nester genutzt, um den direkten Kontakt zu vermeiden.
5	Rollen	Malerkrepp	Zum Abkleben der Übergangsstellen von Handschuh zu Schutzanzug und Stiefel zu Schutzanzug
2	Pakete	Feuchtes Reinigungstuch	Zur einmaligen Verwendung! Diese Reinigungstücher kommen bei jedem Verlassen des Einsatzbereiches an den Armen, Handschuhen und erreichbaren Körperstellen zum Einsatz, da sie die losen Brennhaare aufnehmen und binden. So unterstützen die Reinigungstücher eine erste grobe Reinigung sehr wirkungsvoll.
5	Tuben	cortisonhaltige Creme (0,5 % Wirkstoffgehalt)	Zur Erstversorgung von belasteten Körperstellen. Das Präparat sollte vor Aufnahme der Bekämpfungstätigkeiten (während der Unterweisung) auf Hautverträglichkeit getestet werden.

Praxisbeispiel:

Die unten aufgeführten Mengen an Verbrauchsmaterialien sind Erfahrungswerte und stellen den ungefähren Bedarf dar.

Bei zwei Teams, mit jeweils 4 Mitarbeitern, werden in einer Arbeitswoche circa 50 Maleranzüge als Grundschutz verbraucht. Des Weiteren werden ca. 50 Cat3 Typ 4B Schutzanzüge in einer Arbeitswoche angelegt und entsorgt.

Zum Körperschutz benötigt man 50 Paar schwere Haushaltshandschuhe und ungleich mehr werden von den Einweghandschuhen verbraucht, da diese sehr viel häufiger gewechselt werden müssen. Die Mengen an Verbrauchsmaterialien sind in Tabelle 3 aufgelistet.

Tab. 3: Verbrauchsmaterial-Mengen

Menge pro Woche	Verbrauchsmaterial
50	Grundschutzanzüge (Maleranzüge)
50	Schutzanzüge der Cat3 Typ 4B
50	Schwere Haushaltshandschuhe mit ausreichender Belastbarkeit
500	Einweghandschuhe
2–3	Partikelfiltrierender Atemschutz (im Handel erhältlich als Feinstaubmaske) FFP2/FFP3* mit Ausatemventil Schutzbrille. Vollbartträger können Probleme beim Anlegen der Staubmaske haben. Als Minimalschutz für kurzzeitige Besuche.

*FFP = **F**ace **F**iltering **P**iece. Je höher der Wert, desto stärker ist die Filterwirkung und Abdichtung.

5.3.1.1.4 Absperrmaßnahmen

Das Einsatzgebiet muss je nach Lage so großflächig wie möglich abgesperrt werden. Wir empfehlen Absperrradien von 500 m. Im urbanen Gebiet ist im Regelfall dies nicht zu erreichen. Flächen mit einer hohen Flächennutzungsintensität (z. B. Schulen und Kindergärten) werden während der EPS-Bekämpfung komplett gesperrt.

Die Absperrmaßnahmen sind mit der zuständigen Behörde und/oder Kommune abzustimmen.

5.3.1.2 Personalplanung

Bei der Personalplanung ist darauf zu achten, dass alle eingesetzten Mitarbeiter vor Beginn der Bekämpfungsmaßnahmen unterwiesen sind. Empfohlen wird, dass alle Mitarbeiter neben der sogenannten Arbeitsplatzunterweisung auch eine Schulung im Umgang mit dem EPS erhalten haben.

Die Unterweisung muss verpflichtend dokumentiert werden.

Bei geplantem Arbeitsbühneneinsatz ist darauf zu achten, dass die Mitarbeiter in Besitz eines gültigen Bühnenbedienscheines sind und je Arbeitsbühne mindestens 2 Mitarbeiter eingesetzt werden.

Die Einteilung der Mitarbeiter erfolgt je nach Befallsdichte entweder in reine Arbeitsbühnenteams oder in einer Mischung aus Boden-/ und Arbeitsbühnenteams. Das Aufstellen von Boden- und Arbeitsbühnenteams wird bei einer hohen Befallsdichte inkl. des Stamms in Erwägung gezogen. Wenn die Aufstellung gewählt wurde, arbeiten die Bodenteams den Arbeitsbühnenteams voraus und entfernen den Befall vom Stamm und/oder die Bodennester.

5.3.2 Einweisung / Unfallverhütungsvorschriften (UVV)

- Keine Arbeitsaufnahme ohne Unterweisung in die Unfallverhütungsvorschriften (UVV) und in die besonderen Gefahren durch den EPS. Dazu gehören die Unterweisung der Mitarbeiter nach §12 des Arbeitsschutzgesetzes (ArbSchG) Arbeitsplatzbelehrung und § 4 der Unfallverhütungsvorschrift „Grundsätze der Prävention". (Deutsche Gesetzliche Unfallversicherung e. V. (DGUV) Vorschrift 1)
- Verhalten auf Baustellen
  Die Unterweisungen sind je nach Baustelle und eingesetzten Geräten sehr verschieden. Daher an dieser Stelle der allgemeine Verweis auf die Betriebsanweisungen der Sozialversicherung für Landwirtschaft, Forsten und Gartenbau (SVLFG)(www31).
- Verhalten auf Leitern
  Um Unfälle mit Leitern zu vermeiden, dürfen diese nur bestimmungsgemäß eingesetzt werden. Bei der Beschaffung von Leitern ist auf die DIN 68361, EN 131 oder die DIN 68363 zu achten. Weitere Informationen können der Broschüre B19 der SVLFG entnommen werden (www32).
- Verhalten in Hubsteigern
  Die Hubarbeitsbühne muss technisch geprüft und in einem einwandfreien Zustand sein. Der Bediener der Bühne, sowie die am Boden zusätzlich notwendige Person, müssen mit der Bedienung vertraut sein. Die Verleiher von Arbeitsbühnen und einige Schulungseinrichtungen bieten dazu die entsprechenden Seminare und Lehrgänge an. Wer die Teilnahme an einer Schulung nachweisen kann, erhält beim Ausleihvorgang der Bühne lediglich noch eine Unterweisung zum ausgeliehenen Modell.
- Verhalten am Boden
  Im Gefahrenbereich sind die Schutzanzüge immer geschlossen zu halten! Der Mitarbeiter am Boden muss sich außerhalb des Windwurfes der Brennhaare aufhalten. Hierzu ist eine ständige Kontrolle der Windrichtung und Anpassung der Arbeitsposition vorzunehmen. Um eine geringe Belastung, durch freigesetzte Brennhaare, des Mitarbeiters zu gewährleisten, sollte sich der Mitarbeiter stets so positionieren, dass er mit dem Rücken zum Wind steht (Rückenwind). Dadurch wird sichergestellt, dass die Brennhaare nicht über Gebühr auf die Nahtstellen des Schutzanzuges geweht werden.
  Durch Arbeiten am Boden (Stämme-Absaugen und Bodennester-Entfernung) ist auf die Ventilation der Schutzkleidung beim Bücken, In-die-Knie-gehen und anderen Bewegungen zu achten. Eine Kontamination des Innenbereichs der Schutzanzüge über den Kinnbereich ist vor Arbeitsbeginn zu vermeiden. Schwach-/ und Übergangsstellen sind durch Abkleben ausreichend zu sichern (Schutzanzüge, Ventilation durch Bewegung beachten).

Alle Arbeitsschritte müssen so ausgeführt werden, dass diese immer unter Zugrundelegung der Windrichtung stattfinden. Auf der windabgewandten Seite ist bei korrektem Verhalten der Mitarbeiter einer geringeren Kontamination ausgesetzt. Es empfiehlt sich, die Mitarbeiter entsprechend zu schulen.

Auf den geringeren Sichtbereich durch das Tragen einer Atemschutzmaske ist explizit hinzuweisen.

Beim Ablegen der Schutzanzüge ist ebenfalls auf die Windrichtung zu achten (siehe Kapitel „An- und Ablegen der Schutzausrüstung"). Es sollten immer 2 Personen sich gegenseitig dabei helfen und eventuelle Windrichtungsänderungen dem Partner mitteilen.

5.3.2.1 Verhalten im Gefahrenfall oder zur Gefahrenabwehr (112/110)

Die Mitarbeiter müssen vor Beginn der Bekämpfungstätigkeiten auf die nachfolgend aufgeführten Symptome oder Gefahren hingewiesen werden. Im Ereignisfall ist immer ein Notruf abzusetzen.

Bei Hitzeschlag, Dehydrierung, allergische Reaktion, anaphylaktischer Schock, Klaustrophobie, Höhenangst und Brandereignissen ist die 112 zu wählen (Feuerwehr bzw. Rettungsdienst).

Die Polizei (110) wird verständigt bei unverhältnismäßigem Verhalten von Personen gegenüber den beauftragten Mitarbeitern des Bekämpfungsunternehmens. Ebenso ist zu handeln bei Protestaktionen wie z. B. Ankettungen an Bäumen zwecks Behinderung der Bekämpfungsmaßnahmen. Des Weiteren ist die Polizei zu verständigen, wenn sich Personen nach der Aufforderung durch die Mitarbeiter weigern, den abgesperrten Bereich zu verlassen.

5.3.2.2 Ausstattung eines Mitarbeiters nach Empfehlung der SVLFG (Sozialversicherung für Landwirtschaft, Forsten und Gartenbau):

5.3.2.2.1 Empfohlene Persönliche Schutzausrüstung (PSA) bei der Entfernung der Gespinstnester:

- Geschlossene, leicht zu reinigende Stiefel
- Schutzhandschuhe (reißfeste Latexhandschuhe)
- Einweg-Overall Chemikalienschutz Typ 4B
- gebläseunterstützter Atemschutz mit Partikelfilter
- Haube lang

5.3.2.2.2 Empfohlene Persönliche Schutzausrüstung (PSA) für den Sicherungsposten:

- Geschlossene, leicht zu reinigende Stiefel
- Schutzhandschuhe (reißfeste Latexhandschuhe)
- Einweg-Overall Chemikalienschutz Typ 4B
- partikelfiltrierenden Atemschutz (im Handel erhältlich als Feinstaubmaske) FFP2/FFP3 mit Ausatemventil
- Schutzbrille

Nach www33

Die Persönliche Schutzausrüstung (PSA) nach Empfehlung der SVLFG mit zusätzlichem Maleranzug.
Foto: Wolfgang Rohe

Aufgrund der massiven Gefährdungslage für die Mitarbeiter bei der Entfernung oder Begutachtung des Eichenprozessionsspinners (EPS) wird eine modifizierte Schutzausrüstung empfohlen.

5.3.2.2.3 Empfohlene Persönliche Schutzausrüstung:

- Vollgesichtsschutzmaske (Gasmaske). Die Maske muss den gesamten Gesichtsbereich abdecken.
  - z. B. 3M Modell 6800 oder Draeger X-Plore 5500.
- Besser sind akkugestützte Systeme (gebläseunterstützte Atemschutzsysteme). Auf leicht zu reinigendes Material ist zu achten. Auf die Verwendung von Neopren- oder Fleece-Produkten sollte verzichtet werden.
  - z. B. Sundström SR540 zzgl. Gebläse.
- 2-lagige körperbedeckende Arbeitskleidung mit Kopfbedeckung:
  - Je einen leichten Maleranzug und einen Chemikalienschutzanzug Klasse 3 Typ 4B
  - (z. B. Einweg-Overall Chemikalienschutz Typ 4B)
- Doppelte Schutzhandschuhe:
  - 1 Paar normale Gummihandschuhe und
  - 1 Paar Handschuhe mit ausreichender mechanischer Belastbarkeit (Haushaltshandschuhe)
- Geschlossene, leicht zu reinigende desinfizierbare (Gummi-)Stiefel

5.3.3 Anlegen der Persönlichen Schutzausrüstung (PSA)

Erster Schritt: Anlegen des Maleranzugs als Grundschutz

Anlegen des Maleranzugs als Grundschutz. Im Hintergrund ist am Hubsteigerkorb das freihängende, rotweiße Absperrband angebracht zur Ermittlung der Windrichtung.
Foto: Wolfgang Rohe

Zweiter Schritt: Anlegen der leichten Schutzhandschuhe und Abkleben der Übergangsstellen, so dass die Haut komplett abgedeckt ist und auch durch Bewegung nicht freigelegt wird.

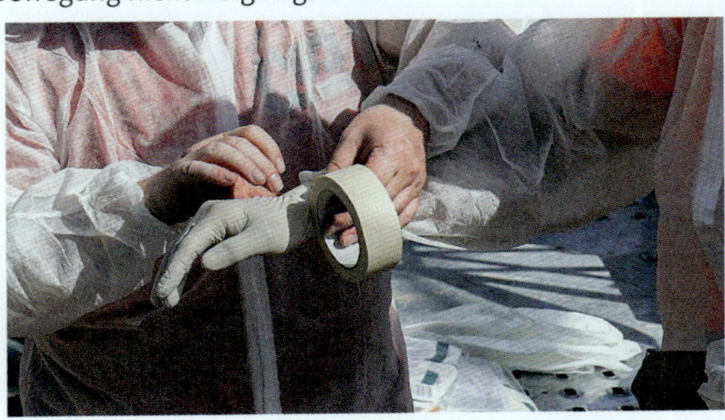

Anlegen der leichten Schutzhandschuhe und Abkleben der Übergangsstellen, so dass die Haut komplett abgedeckt ist und auch durch Bewegung nicht freigelegt wird. *Foto: Wolfgang Rohe*

Dritter Schritt: Anlegen des Schutzanzuges Typ 4B als finaler Körperschutz

Anlegen des Schutzanzuges Typ 4B als finaler Körperschutz.
Foto: Wolfgang Rohe

Vierter Schritt: Anziehen der Arbeitshandschuhe mit ausreichender mechanischer Belastbarkeit und sorgfältiges Abkleben der Übergangsstellen an Armen und Beinen, sowie des Reißverschlusses des Schutzanzugs. Danach ist der Körper ausreichend gegen „Brennhaare“ geschützt.

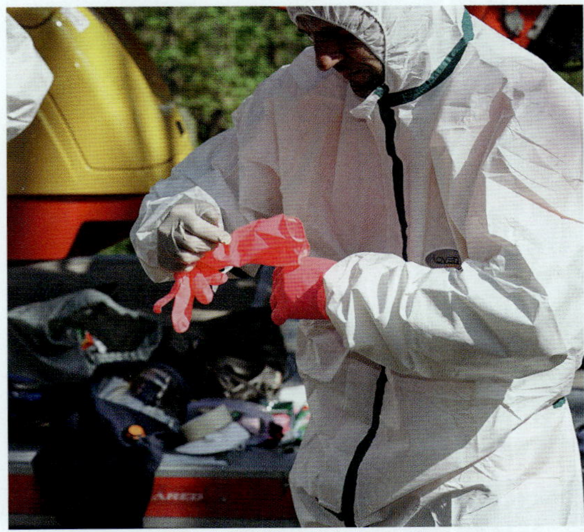

Anziehen der Arbeitshandschuhe mit ausreichender mechanischer Belastbarkeit und sorgfältiges Abkleben der Übergangsstellen an den Armbündchen des Schutzanzugs.
Foto: Wolfgang Rohe

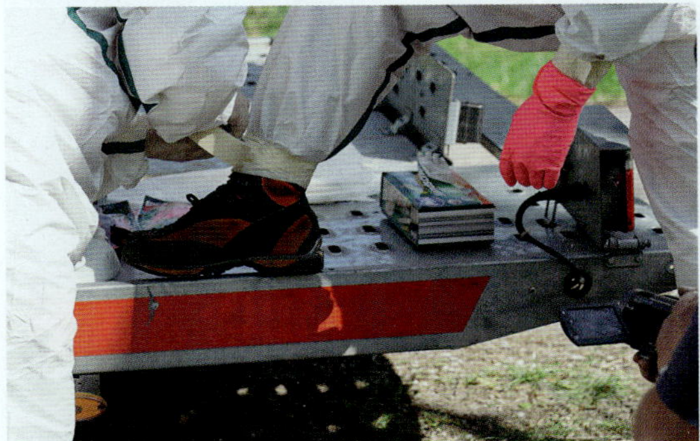

Anziehen der Arbeitshandschuhe mit ausreichender mechanischer Belastbarkeit und sorgfältiges Abkleben der Übergangsstellen an den Beinbündchen des Schutzanzuges.
Foto: Wolfgang Rohe

Fünfter Schritt: Zusätzliche Kopfmaske anlegen.

Zusätzliche Kopfmaske überziehen (optional). Foto: Wolfgang Rohe

Alternativer Atemschutz. Foto: Wolfgang Rohe

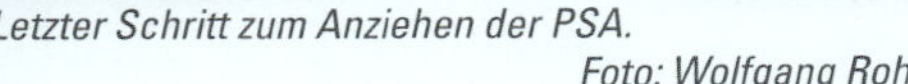

Letzter Schritt zum Anziehen der PSA.
Foto: Wolfgang Rohe

Überprüfung der Dichtigkeit des Schutzanzuges.
Foto: Wolfgang Rohe

Das Anlegen der Schutzkleidung muss unter Beachtung vom Standort und der Windrichtung stattfinden.

- Lange Unterwäsche atmungsaktiv (Empfehlung)
- Malerschutzanzug anlegen. Dazu Einweg-Handschuhe anziehen und abkleben
- Schutzanzug Cat 3 Typ 4B anlegen, Handschuhe anziehen und abkleben, Hosenbeine am Stiefel abkleben (Kreppband-Malerkrepp)
- Kontrolle durch Partner durchführen lassen, dass der Anzug dicht abgeklebt ist.
- Kapuze überziehen und Vollgesichtsschutzmaske auf den Anzug dicht ansetzen.
- Einweghaube über Maske ziehen = zusätzlicher Schutz
- Nach Pausen muss ein neuer Cat 3 Typ 4B Anzug angelegt werden.

5.3.4 Ablegen der Schutzausrüstung

1. Stark kontaminierten Bereich verlassen (mindestens 100 m).
2. Einwegschutzhaube unter Berücksichtigung der Windrichtung durch den Teampartner abnehmen lassen, aufgrund des eingeschränkten Sichtfeldes (Die Einwegschutzhaube ist optional zu tragender Zusatzschutz).
3. Die noch angelegte Maske leicht mit Wasser abduschen lassen.
4. Handschuhe gründlich mit Wasser abspülen.

5. Hände, Beine, Unterarme sowie Maske und Kopfbereich mit Feuchttüchern vorsichtig, aber gründlich reinigen.
6. Maske unter Hilfe des Teampartners ablegen, dabei ist unbedingt die Windrichtung zu beachten.
7. Der Schutzanzug wird durch den Teampartner geöffnet und bis zur Hüfte heruntergezogen. Dieser Vorgang muss langsam und vorsichtig unter Berücksichtigung der Windrichtung erfolgen.
8. Der Grundschutz (Maleranzug) bleibt angezogen und verschlossen bis zum Abschluss aller Tätigkeiten (siehe auch Punkt 10 dieser Aufzählung).
9. Der zur Hälfte von der Schutzausrüstung entlastete Mitarbeiter wiederholt nun die vorher beschriebenen Schritte und Tätigkeiten des Entkleidens bei seinem Teampartner.
10. Der Grundschutz (Maleranzug) wird erst nach Ende aller Reinigungsarbeiten (auch der Reinigung der Einsatzmittel) abgelegt. Auch das Ablegen des Grundschutzes (Maleranzug) muss unter der Beachtung der Windrichtung durchgeführt werden.
11. Gleiche Vorgehensweise wie beim Schutzanzug.
12. Alle Bestandteile der Schutzausrüstung müssen der fachgerechten Entsorgung zugeführt werden (Müllverbrennung).

Die Arbeitskleidung muss separat von anderen Kleidungsstücken gereinigt werden. Hierbei ist darauf zu achten, dass die Waschtemperatur mindestens 60 °C beträgt. Ab dieser Temperatur beginnt die Denaturierung des Nesselgiftes Thaumetopoein.

5.3.5 Kontamination

Alle zum Einsatz gekommenen Arbeitsmittel werden bei den Bekämpfungstätigkeiten zwangsläufig hochgradig mit Brennhaaren kontaminiert.

Alle Leihgeräte müssen dem Verleiher als potenziell kontaminiert gemeldet werden (sonst Verdacht auf fahrlässige Körperverletzung).

Eine vollumfängliche Dekontamination der Einsatzmittel ist auf der Baustelle nicht möglich. Eine entsprechende Reinigung der Arbeitsbühnen kann nur durch ein Spezialunternehmen durchgeführt werden. Die Kosten der Reinigung können nicht unerheblich sein und sollten sich auch in der Kalkulation des Angebots widerspiegeln.

Staubsauger, Fahrzeuge, Leitern, Aggregate usw. werden alle hochgradig kontaminiert.

5.3.6 Dekontamination der Arbeitsgeräte

Eine Dekontamination vor Ort ist nur oberflächlich möglich. Die erste Grobreinigung findet bereits auf der Baustelle statt, um die Belastung auf dem Firmengelände so niedrig wie möglich zu halten.

Empfehlung:

20 Liter Frischwasser im Kanister zur Reinigung der Handschuhe.

200 Liter Frischwasser im geschlossenen Wassertank zzgl. Wasserpumpe (230 V) für grobe Reinigungsarbeiten an der Baustelle vorhalten.

Oberflächenreinigung der Arbeitsgeräte nur mit Grundschutzbekleidung (Maleranzug) & Schutzhandschuhen.

Dekontaminierte Arbeitsgeräte in einem separaten Raum lagern, um die Belastung mit den Brennhaaren niedrig zu halten.

Der Raum ist als Gefahrenraum zu kennzeichnen.

Mit EPS-Solve können die Geräte, soweit sie vor Wasser geschützt sind, vorgereinigt werden. Hierzu muss kein separates Frischwasser (200 l) mitgeführt werden. Die 20 Liter Frischwasser sind jedoch unerlässlich.

5.3.7 Verfahren

5.3.7.1 Fällung von Bäumen

Bäume gehören zu den langlebigsten Organismen in unserer Natur. Eichen können z. B. ein Baumalter von bis zu 900 Jahren erreichen [80]. Ihre beeindruckende Lebensspanne verdient einen respektvollen Umgang. Sie sind im urbanen Bereich grüne Inseln des Lebens und verbessern deutlich spürbar das Stadtklima. Oft sind sie die einzigen wahrnehmbaren Zeugnisse der Jahreszeiten in der Stadt. Ihre vielfältigen Nutzfunktionen für Menschen, Tiere und andere Pflanzen, sowie ihre herausragende ästhetische Funktion, sind einzigartig und von hohem Wert für die Lebensqualität in Siedlungen. Mit steigendem Alter bieten Bäume, insbesondere Eichen, immer mehr ökologische Nischen. So kann eine Vielzahl von Organismen von diesem Angebot profitieren. Diese imposanten Zeitgenossen sind also reichhaltige Ökosysteme in einer grauen und lebensfeindlichen städtischen Umwelt.

Der Klimawandel und einige baumschädigende Pilze haben unsere Auswahl an zu pflanzenden Bäumen schon erheblich eingeschränkt. Die Eiche wird als Zukunftsbaum gesehen. Eine EPS-Bekämpfung durch Fällung von Eichen sollte deshalb immer nur die letzte Option nach Abwägung aller Alternativen sein.

Eine Baumfällung birgt erhebliche Gefahren und sollte durch professionell ausgebildete und erfahrene Personen mit entsprechender Ausrüstung erfolgen. Dabei sind die artenschutzrechtlichen Bestimmungen unbedingt zu beachten.

Ein mit EPS belasteter Baum muss vor Beginn der Sägetätigkeit erst von Nestern und deren Anhang befreit werden. Das hat zur Folge, dass das Fällen von belasteten Bäumen in zwei Arbeitsschritten durchzuführen ist. Der erste Arbeitsschritt ist das Entfernen von dem genannten, mit Brennhaaren kontaminierten Material. Erst im zweiten Schritt kann die eigentliche Baumfällung durchgeführt werden. Da der erste Schritt keine vollständige Beseitigung aller EPS-Brennhaare garantieren kann, ist der zweite Arbeitsschritt aus Sicherheitsgründen zusätzlich zur Sägeschutzbekleidung auch in EPS-Schutzbekleidung durchzuführen.

5.3.7.2 Einsatz von kommerziell erzeugten Nutzorganismen

Nutzorganismen wie Räuber, Parasiten oder Krankheitserreger von Insekten und anderen Schaderregern dienen im Biologischen Pflanzenschutz der Vorbeugung und Bekämpfung von Krankheiten sowie Schädlingen. Dabei spielt die Nützlingsförderung besonders im Freiland eine große Rolle. Daneben gibt es mittlerweile ein großes Spektrum an Nützlingen für den gezielten Einsatz im Freiland zu kaufen (www8). Die zwei nachfolgenden Organismen erbeuteten in Laborversuchen erfolgreich EPS-Raupen im 1. und 2. Larvenstadium (www6+7). Freilanderfahrungen sind den Autoren nicht bekannt.

Zweipunktmarienkäfer (*Adalia bipunctata*) werden kommerziell produziert. Dadurch kann der Einsatz während der gesamten Vegetationsperiode erfolgen. Sie werden als Larven in Holzwolle oder Buchweizenspelzen geliefert und durch Ausstreuen in der Nähe der Blattlauskolonien auf die Pflanzen ausgebracht. Ein Befeuchten der Pflanzen kurz vor der Ausbringung fördert die Haftung des Streumaterials mit den darin befindlichen Larven auf der Blattoberfläche. Einsatzmenge: zwei bis fünf Larven pro Quadratmeter mit wiederholtem Einsatz nach ca. zwei Wochen. Gewöhnlich werden sie als Blattlaus- und Schildlaus-Vertilger eingesetzt (www8).

Die **Gemeine Florfliege/Goldauge** (*Chrysoperla carnea*) wird ebenfalls in der Regel gegen Blattläuse eingesetzt. Florfliegenlarven gehören zu den wichtigsten natürlichen Blattlausfeinden. Die drei Larvenstadien ernähren sich aber auch von Spinnmilben, Thripsen, Schmierläusen, Raupen und andere Kleininsekten.

Ausbringungsverfahren:

- Eier auf Mullgaze oder Papierstreifen, diese vorsichtig in kleine Stücke schneiden und auf die befallenen Pflanzen verteilen, möglichst dicht an die Blattlauskolonien
- Eier oder Larven in Trägermaterial, dieses möglichst gleichmäßig im Pflanzenbestand mit der Hand ausstreuen
- Direkte Ausbringung von Larven aus einem Kartonwabensystem

Es empfiehlt sich eine mindestens zweimalige Ausbringung von jeweils fünf Florfliegen(eiern) pro Quadratmeter und Vegetationsperiode. Dabei sollte das Räuber-Beute-Verhältnis zwischen 1:5 und 1:10 liegen. Die Tagestemperaturen im Pflanzenbestand sollten mindestens 18 °C betragen; optimal sind Temperaturen zwischen 20 und 26 °C. Florfliegenlarven sind erfahrungsgemäß im Pflanzenbestand sehr schwer zu finden. Ihre Wirksamkeit ist aber meist schon nach wenigen Tagen zu erkennen. Sie bevorzugen aber immer Blattläuse gegenüber EPS-Raupen. Da die Florfliegenlarven nur etwa 10 bis 14 Tage aktiv sind und sich dann verpuppen, müssen gegebenenfalls mehrere Ausbringungen erfolgen. Sie zeigen allgemein eine langsame Entwicklung (www8).

Im Labor zeigten adulte Florfliegen kein räuberisches Verhalten gegenüber stark behaarten Eiräupchen.

Bei EPS-Massenvermehrungen ist der Einsatz dieser Organismen nicht sinnvoll.

Der Einsatz von der Hautflüglergruppe **Trichogramma** zur Parasitierung von EPS-Eiern wird zurzeit noch erprobt. Hier können wir noch keine Ergebnisse nennen.

Trichogramma dendrolimi im Labor auf einem EPS-Eigelege. Zuchttiere von AMW Nützlinge GmbH (Pfungstadt). Foto: Wolfgang Rohe

5.3.7.3 Sprühverfahren

5.3.7.3.1 Sprühgeräte

Die Applikation kann mit verschiedenen Geräten erfolgen. Der Einsatz von Luftfahrzeugen ist im Pflanzenschutz nicht erlaubt. Er kann aber mit einer Ausnahmegenehmigung erfolgen. Im urbanen Bereich ist dies keine Option, aufgrund der weiträumigen Abdrift. Wesentlich besser geeignet sind die drei nachfolgend dargestellten Geräte.

5.3.7.3.1.1 Großraum-Sprühgeräte

Diese Sprühgeräte sind meist auf Pickup-Fahrzeugen oder an Traktoren an- bzw. aufgebaut. Fahrzeuggebundene Großraumsprühgeräte werden vom Boden aus eingesetzt und versprühen in der Regel Biozide, chemische Stoffe oder Nematoden. Bei fahrzeuggebundenen Großraumsprühgeräten sind bis zu 40 m Höhe je nach technischer Ausführung möglich. Dies ist die kostengünstigste Möglichkeit in urbanen Räumen, um in der Kürze des zur Verfügung stehenden Zeitraums von ca. 3 Wochen, eine ausreichende Anzahl an Bäumen zu behandeln. Beim Einsatz von Traktoren ist eine sehr gute Erreichbarkeit der Bäume auch in schwierigem Gelände möglich. Durch den kräftigen Strahl aus dem Sprühgerät fallen aus dem Baum Äste. Deshalb besteht Helmpflicht für alle Mitarbeiter.

Wenn über das Großraumsprühgerät Nematoden ausgebracht werden sollen, sind technische Umbauten zwingend erforderlich. Unterbleibt die technische Anpassung des Großraumsprühgerätes, so werden die Nematoden direkt bei der Ausbringung tödlich geschädigt. Zur Kontrolle der Sprühwolke bei der nächtlichen Anwendung empfiehlt es sich, einen landwirtschaftlichen LED-Blaulicht-Arbeitssscheinwerfer einzusetzen (siehe QR-Code, Video: Denis Ekarius).

Im Betrieb befindliches Aufsattelsprühgerät (Großraum-Spritze) mit schwenkbarem Düsenkopf zum Ausbringen von Nematoden, Neem-Protect oder Bacillus thuringensis-Applikationen an einem Traktor. *Foto: Denis Ekarius*

5.3.7.3.1.2 Handgeführte Sprühgeräte

Rückengetragene Sprühgeräte

Diese Art von Sprühgeräten gibt es in unterschiedlichen Ausführungen. Es gibt Geräte mit eigenem Vorratsbehälter, welcher je nach Hersteller um die 15 Liter Fassungsvermögen für die Spritzbrühe bietet. Die Ausbringreichweite ist in der Höhe stark limitiert. Der Einsatz einer Hubarbeitsbühne ist hierbei unbedingt angeraten, sobald Bäume mit einer Höhe von mehr als 8 m behandelt werden müssen. Wegen der Abdriftgefahr der Spritzbrühe können die Rückentragespritzen nur bis zu einer Windstärke von 5 m/s eingesetzt werden. Mit diesen Sprühgeräten ist die Ausbringung von Nematoden möglich.

Der wesentliche Vorteil dieser Sprühgeräte ist die große Flexibilität. Es können Gärten, aber auch Bäume abseits der befestigten Wege erreicht und innerhalb der Spritzreichweite behandelt werden.

Die zweite Ausführung der rückengetragenen Sprühgeräte wird ohne eigenen Vorratsbehälter geliefert und müssen extern mit der Spritzbrühe versorgt werden. Die Funktionsweise gleicht ansonsten den Geräten mit eigenem Vorratsbehälter.

Die räumliche Flexibilität dieser Geräte ist etwas eingeschränkt, da der externe Vorratsbehälter mitgeführt werden muss.

Rückengetragene, handgeführte Sprühgeräte mit eigenem Vorratsbehälter (rechts im Bild) und ohne eigenem Tank (links im Bild) zur Ausbringung von angefertigten Spritzbrühen. Bei letzterem Gerät ist eine externe Versorgung über einen Schlauch mit der Spritzbrühe erforderlich. *Foto: Wolfgang Rohe*

5.3.7.3.1.3 Hochdrucksprühgeräte

Hochdruckgeräte gibt es nur als extern zu versorgende Geräte ohne eigenen Vorratsbehälter.

Die Geräte erzeugen hohe Drücke und setzen so die Spritzbrühe direkt unter Druck.

Der Vorteil dieser Verarbeitungsform liegt darin, dass die Spritzbrühe ohne eine große Verwirbelung sehr präzise und nur mit geringer Abdrift ausgebracht werden kann. Die Reichweite dieser Geräte liegt während der Ausbringung bei ca. 15 m. Ein zusätzlicher Vorteil liegt in der Bauart dieser Geräte. Hierbei werden keine Gebläse oder andere Erzeuger von Verwirbelungen eingesetzt. Das Gerät funktioniert ausschließlich mit Hochdruckpumpentechnik. Der Sprühstrahl lässt sich bei Hochdruckgeräten direkt an der Sprühlanze verstellen, so dass der Bediener wählen kann zwischen größtmöglichem Distanzstrahl oder flächigem Breitstrahl in geringer Entfernung.

5.3.7.3.2 Chemische Bekämpfung

„Aus forstwirtschaftlichen Gründen sind Maßnahmen zur Regulierung der Eichenprozessionsspinner-Population erfahrungsgemäß nur in Ausnahmefällen gerechtfertigt. Aus gesundheitlich-hygienischen Gründen müssen vor allem dort Gegenmaßnahmen erwogen werden, wo Raupennester unmittelbar im Bereich von Häusern, Wegen, Parkplätzen sowie Erholungs- und Sportanlagen zu finden sind“ [16].

Waldbestände sind in besonderem Maße Lebensraum für Arten und haben einen entsprechenden Wert für die Biodiversität. Das gilt vornehmlich für Eichenbestände, die in Bezug auf die Artenvielfalt, wegen des hohen Anteils an Spezialisten und wegen des großen Vorkommens seltener, gefährdeter und geschützter Arten ein sehr hohes Schutzgut darstellen. Eichenbestände stellen die artenreichsten Wälder in Mitteleuropa. Insbesondere Arthropoden und Fledermäuse profitieren von der Vielgestaltigkeit, der hohen Zahl an Mikrohabitaten (Baumhöhlen etc.) und der langen Lebensdauer der Eichen [67].

Beim Einsatz von Insektiziden besteht die Gefahr von Fehlanwendungen. Die prophylaktische Ausbringung von Insektiziden ist immer eine Fehlanwendung. Zuerst ist der Befall zu erfassen. Danach ist eine fachgerechte Planung des Einsatzes vorzunehmen. Fehlanwendungen liegen auch dann vor, wenn der Insektizid-Einsatz nicht zu einem ausreichenden Bekämpfungserfolg führt[68]. Die Applikation muss zum richtigen Zeitpunkt erfolgen. Dazu gehören ausreichende Blattgrößen (2,5 cm) aller zu behandelnden Eichen. Wenn die EPS-Raupen schon die Knospen befallen haben, kann oft die minimale Blattgröße nicht mehr erreicht werden. Durchgängig müssen mindestens 4 °C (besser 8 °C) Nachttemperatur erreicht werden. Bei Regen oder starkem Wind ist der Einsatz zu verschieben. Argumente wie „der Hubschrauber steht nur jetzt zur Verfügung“ sollten auf keinen Fall den Zeitpunkt der Applikation bestimmen.

Der Einsatz von Pflanzenschutzmitteln (PSM) ist nur bis zum 2. Raupenstadium sinnvoll. Denn danach sind die Brennhaare soweit ausgebildet, dass auch tote Raupen eine erhebliche Gefahr darstellen können. Voraussetzung für die Ausbringung von PSM ist, dass eine Prognose für das im Folgejahr zu erwartende Raupenauftreten erstellt wird [16]. Das Bundesamt für Verbraucherschutz und Lebensmittelsicherheit (BVL) in Braunschweig bietet auf seiner Homepage eine Online-Datenbank der zugelassenen Pflanzenschutzmittel an, die monatlich aktualisiert wird (www45). Darin sind die Handelsbezeichnung, der Wirkstoff, der Wirkungsbereich, das Zulassungsende, die Zielorganismengruppen und der Anwendungsbereich übersichtlich in einer Tabelle aufgelistet. Hier können die gegen frei auf Blättern fressenden Schmetterlingsraupen bzw. gegen den Eichenprozessionsspinner zugelassenen PSM nachgeschaut werden.

„Die Anwendung von Pflanzenschutzmitteln mittels Luftausbringung wurde durch die EU-Rahmenrichtlinie zur nachhaltigen Verwendung von Pestiziden (Richtlinie 2009/128/EG 2009) verboten. Allerdings besteht in besonderen Ausnahmefällen wie z. B. der Gefahr des Absterbens von Waldflächen für das Bundesamt für Verbraucherschutz und Lebensmittelsicherheit (BLV) als Zulassungsbehörde für PSM die Möglichkeit, in Abstimmung mit den zuständigen Bewertungsbehörden gesonderte Genehmigungen für die Ausbringung von Pflanzenschutzmitteln mit dem Hubschrauber zu erteilen. Solche Ausnahmen vom generellen Verbot (Artikel 8 der RL 2009/128/EG) sind auf Anwendungen im Wald und in Steillagen im Weinbau beschränkt. Im Rahmen des § 18 des Pflanzenschutzgesetzes (PflSchG) zur Anwendung von PSM mit Luftfahrzeugen ist das Umweltbundesamt (UBA) Benehmensbehörde. Weiterhin kann das BVL die Anwendung nicht zugelassener PSM unter den Voraussetzungen des Artikels 53 der Verordnung (EG) Nr. 1107/2009 in besonderen Fällen für maximal 120 Tage genehmigen. Gleiches gilt für den Einsatz von Pestiziden für ein nicht in der Zulassung festgesetztes Anwendungsgebiet nach § 29 PflSchG" [67]. Die Ausnahmen sind nur unter Einhaltung von Auflagen (z. B. Abstandsregeln von 25–100 m zu Gewässern, Siedlungen und Waldrändern) und Anwendungsbestimmungen, die die Auswirkungen für Nichtzielorganismen auf ein vertretbares Maß reduzieren sollen, möglich. Darüber hinaus sind Eichenwälder nur in Ausnahmefällen als Reinbestand vorzufinden, sondern fast stets als Komplex mit anderen Baumarten, meist sogar in Form natürlicher Pflanzengesellschaften, so dass PSM-Einsätze somit auch eine Vielzahl an anderen Nichtzielarten betreffen [67]. Hinzu kommt, dass das Sprühen mit Bodenkanonen oder das Spritzen mit Hubschraubern vergleichsweise unpräzise ist. Die eingesetzten Insektizide gelangen somit nicht nur auf die befallenen Eichen, sondern auch auf angrenzende Flächen. Die Ausbringung von Insektiziden kann damit einen zum Teil erheblichen Eingriff in den Naturhaushalt darstellen [68]. Insbesondere Fledermäuse sind aufgrund ihrer Ernährungsweise besonders gefährdet durch Insektizid-Anwendungen. Auf ausreichende Rückzugsräume (Refugialstandorte) ist zu achten. Deshalb dürfen nur 50 % der zusammenhängenden Waldfläche behandelt werden. Weitere Risikominderungsmaßnahmen können durch die zuständige Behörde erlassen werden.

Bei der Einsatzplanung ist die Richtlinie für die Anwendung von Pflanzenschutzmitteln mit Luftfahrzeugen zu beachten [82].

Folgende Mindestabstände zu Oberflächengewässer sind bei Anwendungen mit dem Hubschrauber nach Pflanzenschutzrecht einzuhalten:

- Dipel ES (*Bacillus thuringiensis* subsp. *kurstaki*): Die Flugbahn des Hubschraubers muss mindestens 25 m zuzüglich seiner halben Arbeitsbreite von einem Oberflächengewässer entfernt verlaufen.
- Karate Forst flüssig (λ-Cyhalothrin): Die Flugbahn des Hubschraubers muss mindestens 125 m zuzüglich seiner halben Arbeitsbreite von einem Oberflächengewässer entfernt verlaufen.

[83].

Je unspezifischer das Mittel ist (Breitenwirksamkeit), desto größer ist die Beeinträchtigung der Fauna. Dadurch können auch viele Bodenorganismen getroffen werden. Der langjährige Aufbau von Blühstreifen mit einer abwechslungsreichen Insektenwelt und vielen Prädatoren und Parasitoiden kann also mit einer einzigen unbedachten Applikation vernichtet werden. Berücksichtigt man einige abiotische und biotische Faktoren nicht bei der Insektizid-Anwendung, so kann der Schaden bei den erwünschten Organismen wesentlich höher sein als bei den bekämpften Individuen. D. h. durch Ausschaltung der Gegenspieler des EPS fördert man die EPS-Ausbreitung noch. Fachwissen und Sorgfalt sind deshalb entscheidend für den Erfolg des EPS-Managements. Ad-hoc-Aktionen sind unbedingt zu vermeiden.

Unspezifische Insektizide (Breitbandinsektizide) mit den Wirkstoffen Diflubenzuron oder λ-Cyhalothrin werden hier nicht behandelt. Deren massive negative und langfristige Auswirkungen sowohl im Waldökosystem [84][85] als auch im urbanen Bereich sind unverhältnismäßig groß und entsprechen nicht mehr einem zeitgemäßen EPS-Management.

Systemische Anwendung von Insektiziden (Injektion)

Insektizide können auch systemisch eingesetzt werden. Dabei injiziert man direkt in den Stamm mit Druck von ca. 2–5 bar in die Leitbahnen das Insektizid. Dadurch wird das Mittel überall in die Pflanze gepresst: Blätter, Früchte, Zweige, Stamm und Wurzel. Dadurch trifft man völlig unsystematisch alle Insekten, die sich von der Eiche in irgendeiner Form ernähren. Die Wirkstoffe werden auch über die Wurzeln in den Boden gepresst. Monophag an Eiche entwickeln sich folgende Schmetterlinge: das Große Eichenkarmin (*Catocala sponsa*), das Kleine Eichenkarmin (*Catocala promissa*) und das Braune Ordensband (*Minucia lunaris*). Von den 115 Urwaldreliktarten Deutschlands nutzen 66 Arten Eichen als Habitatbaum [86]. Summarisch betrachtet gefährdet das Breitbandinsektizid viele geschützte Arten der Eiche wie z. B. auch den Kleinen und Großen Eichenbock (*Cerambyx scopolii* & *C. cerdo*), den Balkenschröter (*Dorcus parallelipipedus*) und den Hirschkäfer (*Lucanus cervus*),

Ebenfalls betroffen sind Vögel über die Aufnahmen von begifteten Gliedertieren. Hinzu kommen die negativen Einflüsse auf die Bodenorganismen und die Verunreinigung des Grundwassers.

Im Jahr 2004 wurden in Wien vier Rosskastanien mit einem systemischen Insektizid mittels Bauminjektion behandelt. Für die Bauminjektionen wurden pro Baum vier bis sechs Löcher mit 6 mm Durchmesser und 5 cm Tiefe gebohrt. Anschließend wurde eine Injektionsspritze in das Bohrloch geschraubt und das Pflanzenschutzmittel in das Bohrloch gespritzt. Danach wurden die Bohrlöcher verschlossen. Die behandelten Kastanienbäume zeigten im Vergleich zu den unbehandelten einen deutlich geringeren Befall durch die Rosskastanienminiermotte (*Cameraria ohridella*), aber keine gänzliche Befallsfreiheit. Allerdings kam es bald nach der Injektionsbehandlung zu Exsudat-Austritt aus den Bohrlöchern. Zur Beurteilung der Wundreaktionen im Holz wurde im Frühjahr 2006 eine der vier behandelten Rosskastanien gefällt und systematisch aufgearbeitet. Dabei wurden Stammscheiben aus dem Bereich der Bohrlöcher sowie aus darüber liegenden Stamm- und Kronenteilen, aber auch Äste und Zweige entnommen. Im Bereich der Bohrstellen war das Kambialgewebe teilweise abgestorben, weshalb die Wunden noch nicht gänzlich überwallt waren. Zusätzlich breiteten sich Verfärbungszonen von den Impfstellen bis in die äußersten Astspitzen aus. Unter dem Mikroskop konnte sowohl Befall durch Wundfäulepilze als auch vom Baum „stillgelegtes“ sowie abgestorbenes Gewebe festgestellt werden. Schon durch eine einzige Behandlung entstanden diese schweren Schäden am Baum. Die Folgen sind ein höherer Totholzanteil wegen der schlechteren Versorgung durch verthylltes, stillgelegtes Gewebe und der Eintritt von holzzersetzenden Fäulepilzen im Stammbereich. Dies verkürzt die Reststandzeit der Bäume und verursacht höhere Pflege- und Kontrollkosten [87].

5.3.7.3.3 Biologische Mittel und Organismen (Biozideinsatz)

Die Untersuchungen des Pflanzenschutzamtes in Berlin zur Populationsdynamik von Schädlingen und Nützlingen an Eichen und Linden am Straßenstandort in den Jahren 1996 bis 2000 belegten, dass Nützlinge allgemein verbreitet sind. Auch unter anthropogenen Einflüssen kommen an Straßenbäumen zahlreiche nützliche Organismen vor. Sie regulieren nachhaltig und dauerhaft verschiedene Schädlingspopulationen. Das Spektrum ist breiter und ihre Vorkommen auch an extremen Standorten vielfältiger als bislang bekannt. Deshalb sollte dieses biologische Regulierungssystem durch die Anwendung von Bioziden bzw. Insektiziden nicht beeinträchtigt werden [71].

Die für die Bekämpfung des EPS zugelassenen Biozide wirken nicht oder kaum selektiv. Neem-Produkte wie NeemProtect sind Breitbandinsektizide und wirken zumindest auf alle pflanzenfressenden Insekten. *Bacillus-thuringiensis*-Präparate wie Dipel ES sind bei allen Schmetterlingsraupen wirksam. Hierbei ist zu beachten, dass auch etliche besonders geschützte und viele gefährdete Schmetterlingsarten vorrangig Eichen besiedeln, die zeitlich einen ähnlichen Entwicklungszyklus haben wie EPS und daher von der Anwendung betroffen sein können. Damit reduzieren diese Mittel die Biodiversität in den betroffenen Bereichen ganz erheblich, und die gerade zur Brutzeit der Vögel notwendige Raupennahrung wird stark reduziert. Darüber hinaus ist zu befürchten, dass gegenüber Bioziden sensible Arten wie z. B. Amphibien betroffen werden können. Somit ist davon auszugehen, dass bei der Bekämpfung des EPS mit Bioziden auch nach Artenschutzrecht geschützte Tiere getötet werden. Damit ist die Anwendung nach Naturschutzrecht verboten (§ 44 Abs. 1 Nr. 1 Bundesnaturschutzgesetz). Allerdings kann aus Gründen des Gesundheitsschutzes eine Ausnahme hiervon zugelassen werden, wenn keine zumutbare Alternative zur Biozidanwendung besteht. Mit der mechanischen Bekämpfung ist eine Alternative gegeben, über deren Zumutbarkeit allerdings unterschiedliche Auffassungen herrschen. Viele halten dagegen, dass bei sehr großen Vorkommen des Eichenprozessionsspinners die mechanische Bekämpfung unzumutbar und eine Biozidanwendung die sinnvollere Bekämpfungsmethode ist (www47).

Tab 4: Zusammenstellung der meistgenutzten auf dem Markt befindlichen Produkte zur Bekämpfung des EPS inkl. ihrer Eigenschaften, Zulassung als PSM und Umweltverträglichkeit (Ekarius/Rohe/Schwarz, 2020) Quellen: www33 & www35.

Produktname (Wirkstoff oder Wirkorganismus)	**Eigenschaften**	**Zulassung als PSM**	**Zielorganismen und Umweltverträglichkeit**	**Sachkunde erforderlich**
Dipel ES / Foray ES (*Bacillus thuringiensis* subsp. *kurstaki*)	Fraßgift wird über Blätter aufgenommen. Wirkung auf Darmtrakt.	Zugelassen bis 31.12.2021.	Wirkt auf alle blattfressende Schmetterlingsraupen. Das Mittel wird bis zu der höchsten durch die Zulassung festgelegten Aufwandmenge oder Aufwandskonzentration als nicht bienengefährlich eingestuft.	Ja
Neem Protect (Margosa Extrakt/ Azadirachtin)	Fraßgift wird über Blätter aufgenommen. Fraß- und Entwicklungsstop.	Zugelassen bis 25.07.2027.	Wirkt auf alle blattfressende Insekten und z. T. auf holzbohrende Bockkäferlarven. Entwicklungsstop.	Ja
SF-Nematoden (selektierter Stamm von *Steinernema feltiae*)	Werden über direkten Kontakt aufgenommen. Sehr kurze Standzeit. Abgabe von pathogenen Bakterien an EPS-Raupe durch Nematode.	Benötigen keine Zulassung nach Pflanzenschutzrecht.	Sehr gut, da überwiegend selektive Anwendung möglich durch frühen Ausbringungszeitpunkt. Der Baum muss noch kein Laub tragen. Keine weiteren Beschränkungen.	Nein

Folgende Mindestabstände zu Oberflächengewässer sind bei Bekämpfungsmaßnahmen nach Biozidrecht, je nach Ausbringungstechnik, einzuhalten:

- **NeemProtect** (Wirkstoff: Margosa-Extrakt):
  - Handgeführte Pumpsprühgeräte (mit Motor oder manuell): Mindestens 20 m zu Oberflächengewässern.
  - Applikation durch Fahrzeug geführte Sprühgeräte (z. B. Sprühkanonen): Mindestens 90 m zu Oberflächengewässern.
- **Foray ES (Dipel ES)** (Wirkstoff: *Bacillus thuringiensis* subsp. *kurstaki*): Für alle Ausbringungstechniken wie handgeführte Pumpsprühgeräte, Fahrzeug geführte Sprühgeräte (Sprühkanonen) wie auch bei Ausbringung aus der Luft ist der größtmögliche Sicherheitsabstand (bestenfalls bis zu 25 m) zu Nicht-Zielflächen, insbesondere Oberflächengewässer und naturschutzrechtlich geschützte Gebiete einzuhalten.

[83].

5.3.7.3.3.1 Foray ES (Dipel ES) (Wirkstoff: *Bacillus thuringiensis* subsp. *kurstaki*)

Bacillus thuringiensis var. *kurstaki* (Btk) Stamm ABTS-351 (Stamm HD-1)
Handelsnamen der Produkte: DIPEL ES oder FORAY ES
Zulassungsnummer: DE-2013-PA-18-00001
Das Mittel Dipel ES ist selektiver als die Wirkstoffe Diflubenzuron oder λ-Cyhalothrin. Sein Wirkstoff ist *Bacillus thuringiensis* var. *kurstaki* (Btk) Stamm ABTS-351 (Stamm HD-1) in einem ölhaltigen Suspensionskonzentrat. *Bacillus thuringiensis* (*B.t.*) ist ein sporenbildendes Bodenbakterium, das aus Schmetterlingsraupen isoliert wurde. Bei der Sporenbildung entstehen zusätzlich Eiweißkristalle. Diese werden im basischen Darmmilieu von Schmetterlings-Raupen gelöst und enzymatisch in toxische Untereinheiten gespalten. Diese binden sich an spezielle Rezeptoren im Mitteldarm des Insektes, verursachen eine Porenbildung in der Zellwand der Darmepithelzellen, die zur Darmperforation und schließlich zum Tod der Raupe führt. Das Btk-Toxin ist demnach ein Fraßgift für Raupen von vielen Schmetterlings-Arten. Es ist besonders gegen junge Raupen wirksam, ältere Raupen werden mit zunehmendem Gewicht widerstandsfähiger. Der Btk-Belag sollte daher bereits beim Schlüpfen der EPS-Raupen auf den Blättern vorhanden sein. Aufgrund der zunehmenden Verfrühung des Schlupftermins der EPS-Raupen wird dies in Zukunft immer schwieriger möglich sein. Bei sachgerechter Anwendung kann ein Wirkungsgrad von 70–90 % erreicht werden. Der Bekämpfungserfolg hängt im Wesentlichen davon ab, ob bei der Ausbringung der Präparate eine gute Benetzung der Blätter als Fraßobjekt erzielt wird, die Witterungsbedingungen für den Larvenfraß günstig sind und möglichst junge Larvenstadien getroffen werden. Zudem müssen bei der Ausbringung trockenwarme Witterungsbedingungen herrschen. Die Blattorgane dürfen nicht mehr vom nächtlichen Tau benetzt sein. Die Temperatur muss im Tagesverlauf mehrere Stunden lang mindestens 15 °C aufweisen, damit eine ausreichende Fraßaktivität gewährleistet ist und das Mittel so rasch wie möglich aufgenommen wird [88]. Adulte Schmetterlinge sind gegenüber dem Mittel unempfindlich. Für die meisten Wasserorganismen ist die Anwendung des Mittels kein erhebliches Risiko, jedoch ist die Empfindlichkeit von wasserlebenden Raupen von Schmetterlingen (Wasserzünslern) und den Larven von Köcherfliegen, die mit den Schmetterlingen verwandt sind, bislang nicht ausreichend bekannt. Entsprechende Sicherheitsabstände zu Gewässern sind einzuhalten. Bei Untersuchungen zur Bekämpfung des EPS im Stadtwald Frankfurt am Main hatten die Btk-Mittel Auswirkungen auf die Schmetterlinge. Die Indi-

viduenzahlen der an Gehölzen lebenden Arten lagen in den Bekämpfungsgebieten deutlich unter denen in den Gebieten ohne Prozessionsspinnerbekämpfung. Dabei waren auch nach dem BNatSchG besonders und streng geschützte Arten sowie auch seltene und gefährdete Spezies betroffen. Auswirkungen auf die Bruterfolge der Vögel waren nicht feststellbar. Das Fazit der Autoren lautet, dass bei zukünftigen lokalen Bekämpfungsmaßnahmen keine erheblichen negativen Auswirkungen auf die besonders oder streng geschützten Arten zu erwarten sind [89].

Die Präparate können mit den üblichen Pflanzenschutzgeräten ausgebracht werden. UV-Strahlen und Niederschläge bedingen eine schnelle Inaktivierung bzw. Abwaschung des Präparates. Bei niederen Temperaturen nimmt die Fraßleistung der Raupen stark ab. Für eine Anwendung sollten die Temperaturen für mehrere Tage über 15 °C liegen (gute Wirkung bei 20 °C–25 °C und optimale Wirkung über 25 °C). In der Regel sind die Behandlungen vier bis zehn Tage wirksam. Dipel ES ist bis 31.12.2021 nach Pflanzenschutzgesetz (PflSchG) zugelassen [84][90]. Die Öffentlichkeit und die angrenzenden Flächennutzer sind vorab zu informieren. Eine Absperrung der Behandlungsfläche ist zu vollziehen. Nach einem Helikoptereinsatz muss der Bereich zwölf Stunden gesperrt bleiben. Bei der Ausbringung vom Boden aus acht Stunden (Anwendungsbestimmungen durch die Bundesanstalt für Arbeitsschutz und Arbeitsmedizin). Das Insektizid kann allergische Hautreaktionen verursachen (Gefahrenhinweis: H317). Deshalb sind alle Mitarbeiter mit Schutzkleidung auszustatten (siehe auch [82]). Die Persönliche Schutzausrüstung sollte aus einem Atemschutz (Partikelfiltrierende Einwegmaske DIN EN 149 mit Filter FFP2), einem Handschutz (Schutzhandschuhe: empfohlen werden Handschuhe aus Nitril mit einer Materialstärke ≥ 0,4 mm), einem Augenschutz (Dichtschließende Schutzbrille) und einem Körperschutz (Schutzanzug gegen Pflanzenschutzmittel (DIN 32 781)) sowie festem Schuhwerk (z. B. Gummistiefel) bestehen (Sicherheitsdatenblatt gemäß 1907/2006/EG, Artikel 31 für Dipel ES).

5.3.7.3.3.2 NeemProtect (Wirkstoff: *Margosa-Extrakt/Azadirachtin*)

(Zulassungs-Nr. DE-0011980-18)

Der Margosabaum (*Azadirachta indica*) wird in Indien schon seit langer Zeit kultiviert. In Europa wird er auch Niembaum oder Neembaum genannt. Aus verschiedenen Teilen des Baumes wird das insektizide Wirkstoffgemisch (Margosa-Extrakt) gewonnen. Darin ist auch der Wirkstoff Azadirachtin enthalten.

Das Biozid-Produkt NeemProtect darf nur von sachkundigen Verwendern mit Sachkundenachweis gemäß Anhang I Nr. 3 der Gefahrstoffverordnung oder berufsmäßigen Verwendern mit Sachkunde nach Pflanzenschutz-Sachkundeverordnung (PflSchSachkV) verwendet werden.

Die Ausbringung ist mit Helikoptern oder Spritzgeräten möglich. Es muss sich an die Vorschriften rechtlicher Art und an die Verarbeitungsvorschriften des Herstellers (Sicherheitsblatt) gehalten werden. Bei der Ausbringung von NeemProtect mit an Fahrzeugen befestigten Sprühgeräten ist ein Sicherheitsabstand zu Oberflächengewässern von mindestens 90 m einzuhalten.

Vor jeder Verwendung des Produktes ist eine Risiko-Nutzen-Abwägung durchzuführen und zu prüfen, ob der Einsatz biozid-freier Alternativen (z. B. mechanische Entfernung der Raupen und Nester, zeitweises Absperren der betroffenen Areale) sinnvoller ist. Zusätzlich sollte geprüft werden, ob eine Kombination aus mechanischen und chemischen Bekämpfungsmaßnahmen vorgenommen werden kann.

Bei der Auswahl der Anwendungstechnik (handgeführte vs. fahrzeuggeführte Sprühgeräte) ist immer zu berücksichtigen, dass die Verwendung von fahrzeuggeführten Sprühgeräten mit einer höheren Abdrift im Vergleich zu handgeführten Sprühgeräten einhergeht, was zu einer höheren Kontamination der umgebenden Umwelt führt. In Berlin konnte die Wirkstoffabdrift auf Böden bei der Applikation mit einer Sprühkanone ermittelt werden. Durchschnittlich gelangten 20,2 % des Wirkstoffes auf die Nichtzielfläche (Boden) [71]. Auf der anderen Seite führt das Sprühen mit einem handgeführten Gerät zu einer signifikant höheren Exposition des Anwenders als das Sprühen mit einem fahrzeuggeführten Gerät. Die Auswahl des geeigneten Sprühgerätes sollte deshalb immer auf der Basis einer Abwägung der vorhergenannten Aspekte beruhen.

In Berlin konnten mit NeemProtect im Frühjahr 2013 an über 8000 Eichen gute Ergebnisse erzielt werden. Die Applikation der Mittel erfolgte in der 19. bis 21. Kalenderwoche durch verschiedene Firmen vom Boden aus mit unterschiedlichen Sprühkanonen. Zum Einsatz kam das Biozid NeemProtect in einer Konzentration von 0,5 %. Zur Gewährleistung einer ausreichenden Wirkung wurden die Baumkronen vollständig zu benetzt. Dafür waren ca. 20 l Behandlungsflüssigkeit pro Baum notwendig. Die Menge der Spritzflüssigkeit wurde in Abhängigkeit vom Spritzdruck, der Applikationszeit und der Größe der Baumkrone individuell gesteuert. Die Larven des Eichenprozessionsspinners waren um den 20.4.2013 geschlüpft und hatten zum Zeitpunkt der Applikation des Biozids das 2. bis 3. Larvenstadium erreicht. Zu dieser Zeit hatten die Eichen einen Austrieb von 70–80 %. Einige wenige Eichen waren im Austrieb noch zurück, weil dieser sich durch das kalte Frühjahr verzögert hatte. An den behandelten Standorten wurden nur noch sehr wenige Bäume mit Nestern des EPS festgestellt. Im Vergleich zu vorherigen Jahren waren die Nester zudem wesentlich kleiner, allerdings war auch die Anzahl der Nester an den unbehandelten Standorten deutlich geringer. Bei den behandelten Flächen war die mittlere Fraßleistung je Baum eindeutig geringer (Wirkungsgrad: 53 %) als bei den unbehandelten Kontrollflächen. In den unbehandelten Flächen fing man in den Pheromonfallen dreimal so viele männliche EPS-Faltern wie in den behandelten Standorten. Zusätzlich wurden exemplarisch die Auswirkungen der Applikationen auf die natürlichen EPS-Antagonisten untersucht. Für die Avifauna ergaben sich keine negativen Auswirkungen. Die Nahrungsgrundlage der Vögel wurde durch die Biozidbehandlung nicht gefährdet. Die Mengen der Raupen variierte wesentlich mehr zwischen den Standorten im Stadtgebiet als zwischen behandelten und unbehandelten Standorten. In untersuchungsbegleitenden Labortests wurden die Auswirkungen auf räuberische Laufkäfer (*Poecilus cupreus*) ermittelt. Die Sterberate blieb unverändert bei den adulten Käfern. Die Fraßleistung sank um 19,7 %. Bei den Laufkäfer-Larven dagegen erhöhte sich die Mortalität um 43 %. Hinzu kam es bei den Überlebenden bei 44 % zu Häutungsproblemen. Ebenso wurden holzbewohnende Larven des Hausbockes (*Hylotrupes bajulus*) getestet. Im Langzeittest (4 Monate) zeigten die Bockkäfer-Larven in der behandelten Probe eine um die Hälfte reduzierte Überlebensrate [71]. Bei bekannten Vorkommen von geschützten holzbohrenden Insekten sollte deshalb eine Biozid-Behandlung aus artenschutzrechtlichen Gründen unterbleiben.

5.3.7.3.3.3 SF-Nematoden (Wirkorganismus: *Steinernema feltiae*)

Die eingesetzten Fadenwürmer (= Nematoden) kommen natürlich im Boden vor und sind weitverbreitet in Europa. Verwendet wird ein selektierter Stamm der Art *Steinernema feltiae* (s. Abb. S. 92). Dieser ist bereits bei niedrigen Temperaturen aktiv und kann eingesetzt werden, sobald die Lufttemperaturen über 8 °C liegen. Die entomopathogenen Nematoden dringen über Körperöffnungen in die Raupen ein. Die Fadenwürmer tragen symbiontische Bakterien in sich. Diese benötigen sie, um erfolgreich in die Raupen einzudringen, für ihr Wachstum und für ihre Fortpflanzung. Innerhalb der Raupe geben die Nematoden einige Bakterien ab. Diese vermehren sich und töten die Raupe ab. Diese sind nicht mehr in der Lage, sich zu gruppieren und sterben innerhalb von 2–10 Tagen ab. Nematoden und Bakterium sind nach Herstellerangaben unschädlich für Menschen sowie Tiere und benötigen keine Zulassung nach Pflanzenschutzrecht. Nematoden trocknen schnell aus und sind empfindlich gegenüber UV-Licht. Damit sie auf Bäumen und Raupen mindestens zwei Stunden überleben, müssen sie in einem feuchtigkeitsspendenden Gel versprüht werden. Dieses Gel besteht aus einer biologischen Substanz, die auch in der Nahrungsmittelindustrie verwendet wird und keiner Zulassungsbeschränkung unterliegt. Aufgrund der Austrocknungsgefahr und um windarme Bedingungen zu gewährleisten, sollten die Nematoden zwischen 20:00 und 6:00 Uhr ausgebracht werden. Günstige bzw. ungünstige Witterungsbedingungen können diesen Zeitraum verlängern oder verkürzen. Sobald die EPS-Raupen geschlüpft sind, können die Nematoden eingesetzt werden (oft schon Anfang April). Das Besprühen ist bis einschließlich drittes Larvenstadium möglich, also ungefähr bis Ende Mai. Die Raupen müssen aktiv sein und möglichst voll getroffen werden. Innerhalb von zwei Wochen sollte die Behandlung wiederholt werden. Bei Einhaltung aller Vorgaben ist ein mittlerer Wirkungsgrad von 80 % möglich. Die Nematoden selbst sind vier Stunden nach der Ausbringung abgestorben. Mit Großraum-Spritze sind Bäume nur bis 18 m im unbelaubten Zustand behandelbar. Bis 9 m werden 1–3 Liter, bis 18 m 3–6 Liter und über 18 m 6–10 Liter Spritzbrühe angesetzt. Mit Motorrückenspritze können alle Baumhöhen im unbelaubten Zustand behandelt werden (verändert nach [91]).

Bei Feldversuchen 2010 lag der Wirkungsgrad bei 40–100 %. Zeitpunkt und Ausbringungstechnik haben entscheidenden Einfluss auf die Wirksamkeit. Bei zweimaliger Behandlung werden Wirkungsgrade um 80 % erreicht. In den Niederlanden werden seit 2010 umfangreiche Versuche des Einsatzes unternommen, wobei die Ergebnisse positiv beurteilt werden. Insbesondere wird darauf hingewiesen, dass Nematoden auch bei späten Raupenstadien direkt in die Nester appliziert werden können und es zu guten Wirkungen kommt [6].

Eigene Versuche im Labor an Eiraupen vom Eichenprozessions- und Schwammspinner waren durchweg positiv. Bei einmaliger Anwendung lag die Mortalität zwischen 47 und 60 %. Die Immobilisierung der Raupen begann schon 2 Minuten nach der Applikation. Unter Laborbedingungen lebten die Nematoden mehr als 24 Stunden [92].

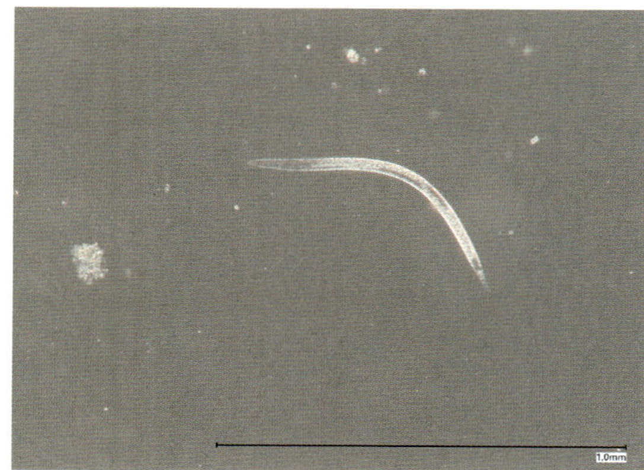

Der Fadenwurm Steinernema feltiae. Die Tiere wurden von e-nema zur Verfügung gestellt.
Foto: Wolfgang Rohe

5.3.7.4 Mechanische Bekämpfungsverfahren

5.3.7.4.1 Absaugen

Sind einzelne oder wenige Bäume in der Nähe von Siedlungen oder in Bereichen befallen, die Menschen oft nutzen (z. B. Waldparkplätze), kann ausgebildetes Personal von professionellen und erfahrenen Schädlingsbekämpfungsbetrieben die vorhandenen Raupen oder Nester absaugen [83]. Bei umfangreicheren EPS-Vorkommen ist im Vorfeld eine Kombination aus den aufgeführten Präventivmaßnahmen und ergänzenden biologischen Bekämpfungsmaßnahmen notwendig. Grundsätzlich ist diese Bekämpfungsmethode aus der Sicht des Artenschutzes unbedenklich, da sie selektiv nur auf den EPS wirkt.

Industriesauger der Kategorie K mit der Filterklasse H.
Foto: Wolfgang Rohe

Das Absaugen hat sich neben dem EPS-SOLVE-Verfahren als Standardverfahren ab dem 3. Larvenstadium bewährt (s. Abb. S. 94). Dieses Verfahren sollte jedoch nur von geschultem Fachpersonal durchgeführt werden. Verwendet werden Industriesauger der Kategorie K mit der Filterklasse H (Asbestsauger mit Hepafilter) (s. Abb. oben). Die Saugbeutel sind dicht gegenüber EPS-Brennhaaren. Trotz aller Sorgfalt können dabei Raupen vom Baum herabfallen. Deshalb ist es sinnvoll, den Boden unter dem Baum vor der Maßnahme mit einer Folie abzudecken. Der Bekämpfungs-Mitarbeiter hat einen gewissen Abstand zu den EPS-Nestern. Mit dem zuvor beschriebenen Schutzanzug und unter Beachtung der Windrichtung kann dadurch die Gefährdung erheblich gesenkt werden (verändert nach [79]).

Das Absaugen von EPS-Nestmaterial. *Foto: Wolfgang Rohe*

Die nachfolgenden Einsatzmittel sind für die mechanische Bekämpfung mittels Staubsauger der Gruppe „H“ relevant:

- Arbeitsbühnen inkl. Reinigung/Dekontamination
- Unterstützungsfahrzeug (bei Bedarf mit Anhänger)
- Staubsauger der Gruppe „H“
- Grundschutzanzüge (Maleranzüge)
- Schutzanzüge der CAT3 Typ 4B
- Einmalhandschuhe
- Haushaltshandschuhe mit ausreichender Belastbarkeit
- Schutzmasken
- Stromerzeugungsaggregate
- Verlängerungskabel
- Kortison-Crème mit 0,5 % Wirkstoffanteil

- Malerkreppband
- 2 × 20 Liter Frischwasser
- Mindestens 200 Liter Frischwasser in einem geschlossenen Wassertank mit elektrischer Gartenpumpe
- Müllsäcke (schwarz und blau)
- Kabelbinder
- Flaschengreifzangen
- Putzlappen zur einmaligen Verwendung
- Feuchttücher/Babytücher

5.3.7.4.2 Wasserglas-/Haarspray-Einbettung

Das Einbetten durch Natronwasserglas, Sprühkleber oder Haarspray und die damit unvollständige Verklebung der Brennhaare ist nicht geeignet für eine effektive Beseitigung der Gefahr. Die dem Baum zugewandte Nestseite kann dabei nicht mit dem Kleber erreicht werden. Nach dem Fixieren der Gespinste/Haare müssen diese händisch abgenommen und entfernt werden. Dabei setzt man viele Brennhaare frei. Auch ist das Erreichen aller Vorkommen kaum möglich. Somit verbleibt ein hohes Restrisiko bei großem Arbeits- und Zeitaufwand [93][79]. Für größere oder mehrere Nester ist das Verfahren nicht praktikabel.

5.3.7.4.3 Abspritzen mit hohem Wasserdruck

Geräte mit hohem Druck und heißem Wasser für die Spontanvegetations-Beseitigung sind völlig ungeeignet für das EPS-Management. Die Methode ist grob fahrlässig.

5.3.7.5 Thermische Bekämpfung

Abbrennen der Nester

Das Abflammverfahren ist abzulehnen, da es eine Verwirbelung der Gifthaare und damit eine starke Belastung des ausführenden Personals sowie eine Kontamination des umgebenden Bereichs verursacht. Hinzu kommt die hohe Brandgefahr.

Die Raupen lassen sich bei Hitze auf den Boden fallen und überleben. Außerdem ist durch das Abbrennen eine Baum-Schädigung möglich. Durch die Lufterhitzung und die entstehende Thermik können die Brennhärchen sehr weit verteilt werden.

Außerdem muss sichergestellt sein, dass sich keine Menschen, insbesondere keine Kinder oder Personen mit Vorerkrankungen der Atemwege, im Umkreis von 800 Metern befinden.

5.3.7.6 Mechanisch-thermisches Verfahren

Das **EPS-SOLVE-Verfahren** besteht aus einem Heißschaum- und einem weiterentwickelten Heißwasserverfahren.

5.3.7.6.1 Heißschaumverfahren

Die jüngeren Larvenstadien bilden noch keine Seidennester aus. Diese Raupen können mit 97 °C heißem Stärkeschaum ummantelt werden. Dadurch wird die Hitze schnell an die Raupen übertragen. Der Schaum selbst zerfällt nach kurzer Zeit und ist unbedenklich für die Umwelt. Rindenschäden entstehen dadurch nicht. Auch aufsitzende Flechten überstehen diese Prozedur.

5.3.7.6.2 Weiterentwickeltes Heißwasserverfahren (Heißwasserinfiltrationsverfahren)

Das ursprüngliche Heißwasserverfahren stammt aus der Wildkrautbekämpfung. Dabei wird mit heißem Wasser und konstant hohem Druck die Spontanvegetation verbrüht und damit umweltschonend beseitigt. Diese Vorgehensweise ist nicht für die EPS-Bekämpfung geeignet. Dadurch werden viele Raupen-Brennhaare in die Luft gewirbelt und kontaminieren die nähere und weitere Umgebung. Zusätzlich tritt eine hohe Belastung der EPS-Bekämpfer auf.

EPS-SOLVE arbeitet dagegen mit einer weiterentwickelten Technik. Dabei wird mit variablem Druck gearbeitet. Der Bekämpfer kann an der Lanze den Wasserdruck frei und stufenlos wählen. Zuerst wird

Im ersten Schritt des weiterentwickelten Heißwasserverfahrens (EPS-SOLVE) wird mit niedrigem Druck das Nest und einzelne Raupen überspült. Das heiße Wasser dringt dabei langsam fließend in das Nest ein. Aufwirbelungen unterbleiben dabei. Die Kontamination des Arbeitsbereichs durch Brennhaare wird dadurch weitestgehend vermieden.
Foto: Wolfgang Rohe

mit schwachem Druck (vergleichbar einer Gießkanne) die Baumoberfläche überspült und die vorhandenen Nester infiltriert. So werden Aufwirbelungen unterbunden und die dem Baum zugewandte Nestseite wird von dem am Stamm abfließendem Wasser erreicht. Das 97 °C heiße Wasser wiederum denaturiert die Eiweiße der Raupenseide im Nest sowie die Proteine im Giftcocktail der Brennhaare. Daneben werden auch die Raupen schnell abgetötet. Das Nest koaguliert, bindet die Raupen und deren Brennhaare und kann dann mit hohem Druck gefahrlos für den Bekämpfer sowie ohne Kontamination der Umgebung von der Baumrinde „abgeschnitten" werden. Dazu wird der Wasserdruck entsprechend erhöht. Das gummiartige Nestmaterial ist zwar weitgehend unbedenklich, ist aber aus Sicherheitsüberlegungen trotzdem fachgerecht zu entsorgen.

Das neuartige Verfahren ist weniger zeitaufwändig als das Absaugen und man erreicht mit der langen Lanze auch unzugängliche Baumbereiche, wie z. B. Astwinkel, Überwallungen und Ähnliches.

Für das EPS-SOLVE-Verfahren sind folgende Komponenten erforderlich:

1. ein ausreichend kräftiges Stromaggregat
2. ein Heißwassererzeuger, der ausreichend dimensioniert ist
3. ein entsprechender Wasserbehälter
4. Strahllanze und Verschlauchungen
5. abgestimmte Strahldüsen
6. adäquate Sicherheitselemente für die unterschiedlichen Drücke

Es benötigt etwas Zeit, bis ausreichend heißes Wasser für den Arbeitsvorgang zur Verfügung steht. Dies ist bei der Einsatzplanung zu berücksichtigen.

Natürliche Regulatoren der EPS-Populationen, wie z. B. die flugfähigen Puppenräuber-Arten, können vor der Behandlung der Rindenoberfläche fliehen.

Das koagulierte Raupennest mit darin eingeschlossenen Larven und deren Brennhaaren sowie Puppen. Das denaturierte Material ist weitgehend ungefährlich.
Foto: Wolfgang Rohe

6 Zusätzliche Empfehlungen

(*Wolfgang Rohe*)

6.1 Öffentlichkeitsarbeit

Die Koordination der EPS-Bekämpfung ist in der Hand der Kommunalverwaltung am besten aufgehoben. Das EPS-Management sollte für alle Flächennutzer und Bürger mit Info-Veranstaltungen begleitet werden. Ebenso sind regelmäßige Berichterstattungen in der Zeitung sinnvoll. Ein allgemeinverständlicher Flyer und entsprechende Infotafeln sind ebenfalls empfehlenswert.

6.2 Wettbewerbe

Die Gestaltung der Info-Tafeln, der Vogel- und Fledermauskästen sowie der Blührabatte könnten in Wettbewerbsform ausgeschrieben werden. Und durch Baumpatenschaften wären weitere Bürger in die Kampagne einzubinden. Die Baumpaten könnten auch ein ganzjähriges Monitoring gewährleisten. Die Aktionen sollten auf einer möglichst breiten bürgerlichen Basis stattfinden. Die Bauaktionen der Vogel- und Fledermauskästen sind für schulische Projekte sehr gut geeignet.

6.3 Citizen Science

Im Rahmen von Bürgerwissenschaften könnte ein Monitoring der Blührabatte, der Nistkastenbelegung, der Bruterfolge und der EPS-Nester aufgebaut werden. Begleitende und ergänzende Untersuchungen durch Hochschulen bieten sich in diesem Kontext ebenfalls an.

Anhang

Glossar

Arthropoden = Gliederfüßler wie z. B. Spinnen und Insekten.

Ektoparasit = Außen auf anderen Organismen (Wirte) lebende Schmarotzer (Parasiten).

Endoparasit = Im Inneren anderer Organismen (Wirte) lebende Schmarotzer (Parasiten).

Eukaryotisch = Zelle mit echtem Zellkern. Zellkern mit doppelter Membran.

Extraflorale Nektarien = Nektarien außerhalb der Blüte, z. B. am Blattstiel bei Kirschen. Nektarien geben eine zuckerhaltige Flüssigkeit ab. Sie locken Insekten mit einfachen Mundwerkzeugen an.

FFH-Arten = Arten, die nach der Fauna-Flora-Habitat-Richtlinie (Richtlinie 92/43/EWG des Rates vom 21. Mai 1992 zur Erhaltung der natürlichen Lebensräume sowie der wildlebenden Tiere und Pflanzen) geschützt sind.

Gradation = Der Gesamtablauf der Massenvermehrung einer Population.

Humanpathogen = Krankheitsauslösend bei Menschen.

Hyperparasit = Überparasitismus. Schmarotzer in einem Parasiten.

Imago/Imagines = Erwachsenes Tier/ Tiere; adultes Tier/Tiere

Konnektivität = Verknüpfung, funktionelle Vernetzung zwischen Lebensräumen. Durchgängigkeit für Arten.

Latenz- und Retrogradationsphase = „Ruhephase", die Populationsdichte ist auf einem niedrigem Niveau und Rückgang der Populationsdichte im Laufe des Massenwechsels einer Art.

Obligate Parasiten = Ausschließliche Lebensweise als Schmarotzer.

Parasiten = Schmarotzer. Sie töten in der Regel nicht ihren Wirt.

Parasitoide = Parasiten, die ihren Wirt im Laufe ihrer Entwicklung allmählich töten.

Phytophage = Pflanzenfresser

Prädatoren = Raubtiere, Räuber, Beutefänger.

Puparien = Puppenhüllen, z. B. bei Tachiniden

(ergänzt nach [96]).

Danksagung

Dank für die Durchsicht von Teilen des Manuskriptes und der Bestimmung von den farbenfreudigen Erzwespen an Herrn Prof. Dr. Stefan Vidal (Georg-August-Universität Göttingen, Department für Nutzpflanzenwissenschaften, Abteilung Agrarentomologie, im Ruhestand).

Dank für die Durchsicht von Manuskriptteilen an die Herren Dr. Stefan Göbel (Oberste Forstbehörde, Landeswaldpolitik, Cluster Forst und Holz, Ministerium für Umwelt, Energie, Ernährung und Forsten, Rheinland-Pfalz); Dr. Hans-Peter Tschorsnig (Staatliches Museum für Naturkunde, Rosenstein 1, Stuttgart); Dr. Lothar Bach (Freilandforschung, zoologische Gutachten, Hamfhofsweg 125 b, Bremen) und Frau Helga Simon (Rheinland-Pfalz).

Dank an Herrn Dr. Carsten Morkel (Institut für Angewandte Entomologie, Bartholomäusstraße 24, Beverungen) für die lebendigen Heteroptera-Aufnahmen, die Durchsicht von Teilen des Manuskriptes und der Übermittlung von Fachliteratur.

Und auch Dank für die ebenso lebendigen Raupenfliegenfotos, Manuskriptdurchsicht und Literaturangaben an Herrn Dr. Eiko Wagenhoff (Am Knittelberg 62, Karlsruhe).

Dank an Herrn Dr. Joachim Ziegler (Museum für Naturkunde, Leibniz-Institut für Evolutions- und Biodiversitätsforschung, Berlin) für die Manuskriptdurchsicht und das Raupenfliegenfoto.

Dank an Herrn Dr. Fritz Geller-Grimm (Museum Wiesbaden, Hessisches Landesmuseum für Kunst und Natur, Friedrich-Ebert-Allee 2, Wiesbaden) für die Hymenopteren-Aufnahmen und –Videos sowie die spezifischen Dipterologen-Adressen.

Dank an Herrn Dr. Wolfgang Nässig (Senckenberg Forschungsinstitut und Naturmuseum Frankfurt am Main, Sektion Entomologie II) für die Nutzung der wissenschaftlichen Lepidopteren-Sammlung.

Dank an Herrn Dr. Bernd Wührer (AMW Nützlinge GmbH, Pfungstadt) für die Überlassung von Trichogramma-Tieren.

Dank an die Firma e-nema (Klausdorfer Str. 28–36, Schwentinental) für die Bereitstellung von *Steinernema feltiae*.

Dank für das Waldameisen-Foto an Herrn Hans-Martin Wittmann (Vorsitzender der Deutschen Ameisenschutzwarte Landesverband Niedersachsen e.V.)

Dank für die Auskunft zu Regionalsaaten und Anbietern von Pflanzenmischungen: Sinja Zieger (M.Sc. Umweltwissenschaften), Landschaftspflegeverband Landkreis Göttingen e.V.

Dank an Herrn Peter Mansfeld (Stadt Kassel, Kulturamt, Städtische Museen) für Kontaktadressen und das Syrphidenfoto (*Xanthandrus comtus*).

Muchísimas gracias a Francisco Rodriguez Luque (www.biodiversidadvirtual.org) de España por su bonita imagen de la larva de *Xanthandrus comtus*.

Literatur

[1] Segerer, A. H. & E. Rosenkranz (2018): Das grosse Insektensterben. Was es bedeutet und was wir jetzt tun müssen. oekom verlag München. S. 205.

[2] Loock, B. & G. Lobinger (2016): Der Eichenprozessionsspinner – Situation in Bayern und praxisnahe Forschung im Waldschutz. Jahrbuch der Baumpflege 2016: 83–98

[3] Godefroid, M., Meurisse, N., Groenen, F., Kerdelhué & J.-P. Rossi (2019): Current and future distribution of the invasive oak processionary moth. Biological Invasions 1–12. https://doi.org/10.1007/s10530-019-02108-4

[4] Stigter, H., Geraedts, W. H. J. M. & H. C. P. Spijkers (1997): *Thaumetopoea processionea* in the Netherlands: present status and management perspectives (Lepidoptera: Notodontidae). Proceedings of the section experimental and applied entomology of the Netherlands Entomological Society (N.E.V.), Vol. 8: 3–16.

[5] Groenen, F. & N. Meurisse (2012): Historical distribution of the oak processionary moth *Thaumetopoea processionea* in Europe suggests recolonization instead of expansion. Agricultural and Forest Entomology 14: 147–155.

[6] Sobczyk, T. (2014): Der Eichenprozessionsspinner in Deutschland. Historie – Biologie – Gefahren – Bekämpfung. BfN-Skripten 365. 1–145 + Anhang.

[7] Gäbler, H. (1954): Die Prozessionsspinner. Die neue Brehm-Bücherei. Ziemsen Verlag, Wittenberg. S. 38.

[8] Goldmann, N. (2020): Eichenprozessionsspinnergelege und -nester in Rühen und Umgebung (Niedersachsen). Bachelorarbeit an der HAWK in Göttingen.

[9] Schwenke, W. (1978): Die Forstschädlinge Europas, Band 3 – Schmetterlinge. Paul Parey Verlag Hamburg und Berlin. S. 467.

[10] LWF (2018): Eichenprozessionsspinner. Merkblatt 15 der Bayerischen Landesanstalt für Wald und Forstwirtschaft. S. 4.

[11] Ebert, G. (1994): Notodontidae. In Ebert, G. (Hrsg.): Die Schmetterlinge Baden-Württembergs Band 4: Nachtfalter II. Verlag Eugen Ulmer, Stuttgart. S. 535.

[12] Wagenhoff, E. (2015): Populationsdynamik, Monitoring und Management des Eichenprozessionsspinners (*Thaumetopoea processionea*) und Waldmaikäfers (*Melolontha hippocastani*) – zwei Forstschädlinge von aktueller Bedeutung in Eichenwäldern Baden-Württembergs. Dissertation. Albert-Ludwigs-Universität Freiburg i. Brsg. S. 67.

[13] Habermann, M. (2013): Bekämpfung des Eichenprozessionsspinners im Forst und Amtshilfe im Biozidbereich. Aus Bräsicke, N. (Hrsg.): Ökologische Schäden, gesundheitliche Gefahren und Maßnahmen zur Eindämmung des Eichenprozessionsspinners im Forst und im urbanen Grün. Julius-Kühn-Archiv 440: 45–54.

[14] Meurisse, N., Hoch, G., Schopf, A., Battisti, A. & J.-C. Grégoire (2012): Low temperature tolerance and starvation ability of the oak processionary moth: implications in a context of increasing epidemics. Agricultural and Forest Entomology 14: 239–250.

[15] Wagenhoff, E., Tschorsnig, H.-P., Zapf, D., Blum, R., Schröter, H. & H. Delb (2014): Fallstudie zur Massenvermehrung des Eichenprozessionsspinners in Südwestdeutschland. AFZ-DerWald 10: 27–31.

[16] Waldschutz-Info (2005): Eichenprozessionsspinner (*Thaumetopoea processionea* L.) 01 / 2002 (2. Auflage, April 2005). Bearbeiter: Delb, H. Schröter, H. & D. Seemann. Forstliche Versuchs- und Forschungsanstalt Baden-Württemberg. Abteilung Waldschutz. S. 15.

[17] Schröder, J., Wenning, A., Hentschel, R. & K. Möller (2014): Rückkehr eines Provokateurs: Was steuert die Ausbreitungs-dynamik des Eichenprozessionsspinners in Brandenburg? Ergebnisse aus dem Waldklimafonds-Projekt „WAHYKLAS. 77–88. https://www.researchgate.net/publication/308887108_Ruckkehr_eines_Provokateurs_Was_steuert_die_Ausbreitungsdynamik_des_Eichenprozessionsspinners_in_Brandenburg.

[18] Petercord, R. (2011): Eichenschäden in Unter- und Mittelfranken nach Insektenfraß und Mehltaubefall. Forstschutz Aktuell 51: 19–21.

[19] NVWA (2013): Leitfaden zur Eindämmung des Eichenprozessionsspinners. Übersetzung aus dem Niederländischen durch Mittel des Ministeriums für Umwelt, Gesundheit und Verbraucherschutz des Landes Brandenburg. Originaltitel: Leidraad beheersing eikenprocessierups. Niederländische Behörde für Lebensmittelsicherheit und Verbraucherschutz. S. 55.

[20] Mitschke, A. (2019): Rote Liste Vögel in Hamburg, 4. Fassung 2018 – Behörde für Umwelt und Energie, Amt für Naturschutz, Grünplanung und Bodenschutz, Abteilung Naturschutz. Hamburg, S. 89 + Anhang.

[21] Altenkirch, W., Majunke, C. & B. Ohnesorge (2002): Waldschutz – auf ökologischer Grundlage. Eugen Ulmer Verlag Stuttgart. S. 434.

[22] Hoch, G., S. Verucchi & A. Schopf (2008): Microsporidian pathogens of the oak processionary moth, *Thaumetopoea processionea* (L.) (Lep., Thaumetopoeidae), in eastern Austria's oak forests. Mitt. Dtsch. Ges. allg. angew. Ent. 16: 225–228.

[23] Hoch, G., Goertz, D. & N. Meurisse (2014): Microsporidian pathogens outbreak of the oak processionary moth, *Thaumetopoea processionea* (L. 1758) (Lep., Notodontidae) in Belgium, France and Germany. Mitt. Dtsch. Ges. allg. angew. Ent. 19: 51–56.

[24] Bauer, T. (2003): Entomophage Insekten. In Dettner, K. & W. Peters (Hrsg.): Lehrbuch der Entomologie. 2. Auflage. Spektrum Akademischer Verlag Heidelberg. S. 936.

[25] Wellenstein, G. (1980): Auswirkung hügelbauender Waldameisen der *Formica rufa*-Gruppe auf forstschädliche Raupen und das Wachstum der Waldbäume. Zeitschrift für angewandte Entomologie 89: 144–157.

[26] Wachmann, E., A. Melber & J. Deckert (2006): Wanzen Band 1. Dipsocoromorpha, Nepomorpha, Gerromorpha, Leptopodomorpha, Cimicomorpha (Teil I) Tierwelt Deutschlands, 81. Verlag Goecke & Evers, Keltern. S. 263.

[27] Wachmann, E., A. Melber & J. Deckert (2008): Wanzen Band 4. Pentatomomorpha II, Pentatomoidea: Cydnidae, Thyreocoridae, Plataspidae, Acanthosomatidae, Scutelleridae, Pentatomidae. Tierwelt Deutschlands, 81. Verlag Goecke & Evers, Keltern. S. 230.

[28] Spijker, J.H., Hellingman, S., Hellingman, G., Hofhuis, H. Jans, H. Kuppen, H. & A.J.H. van Vliet (2019): Leidraad Beheersing Eikenprocessierups – Update 2019. Wageningen. S. 64.

[29] Wachmann, E., A. Melber & J. Deckert (2004): Wanzen Band 2. Cimicomorpha: Microphysidae (Flechtenwanzen), Miridae (Weichwanzen).Tierwelt Deutschlands, 81. Verlag Goecke & Evers, Keltern. S. 294.

[30] Brauns, A. (1976): Taschenbuch der Waldinsekten. Band 1 Systematik und Ökologie. Gustav Fischer Verlag Stuttgart. S. 443.

[31] Görn, S. (2019): From Pest Predator to Endangered Species – A sampling of thousands of dead *Calosoma sycophanta* (Linné, 1758) specimens illustrates the collapse of ecosystem services after insecticide treatment. Angewandte Carabidologie 13: 1–4.

[32] Wachmann, E., Platen, R. & D. Barndt (1995): Laufkäfer. Beobachtung – Lebensweise. Naturbuch Verlag, Augsburg. S. 295.

[33] Trautner, J. (2017): Tribus Carabini. In Trautner, J. (Hrsg.): Die Laufkäfer Baden-Württembergs. Band 1: Eugen Ulmer KG, Stuttgart. S. 416.

[34] Zahradník, J. (1985): Käfer Mittel- und Nordwesteuropas. Ein Bestimmungsbuch für Biologen und Naturfreunde. Verlag Paul Parey, Hamburg. S. 498.

[35] Bothe, G. (1994): Schwebfliegen. Hrsg. Deutscher Jugendbund für Naturbeobachtung, Hamburg. S. 122.

[36] Schmid, U. (1996): Auf gläsernen Schwingen: Schwebfliegen. Stuttgarter Beiträge zur Naturkunde Serie C 40: S. 80.

[37] Ziegler, J. (2004): Rote Liste der Raupenfliegen (Diptera: Tachinidae) des Landes Sachsen-Anhalt. Berichte des Landesamtes für Umweltschutz Sachsen-Anhalt 39: 423–425.

[38] Tschorsnig, H.-P. & B. Herting (1994): Die Raupenfliegen (Diptera: Tachinidae) Mitteleuropas: Bestimmungstabellen und Angaben zur Verbreitung und Ökologie der einzelnen Arten. Stuttgarter Beiträge zur Naturkunde, Serie A (Biologie), Nr. 506. S. 170.

[39] Ziegler, J. (2003): 36. Ordnung Diptera, Zweiflügler in Dathe, H.H. (Hrsg.) Lehrbuch der Zoologie. Band I: Wirbellose Tiere. 5. Teil: Insecta. Spektrum Akademischer Verlag Heidelberg 756–860.

[40] Göbel, S. (1988): Freilanduntersuchungen an Waldameisenkolonien in Eichen- und Fichtenbeständen im Hinblick auf die Populationsdynamik von Rindenläusen (Aphidina) und deren Honigtauproduktion sowie die Auswirkungen auf die Insektenfauna. Dissertation an der Forstwissenschaftlichen Fakultät der Albert-Ludwigs-Universität zu Freiburg i. Br. S. 174.

[41] Tschorsnig, H.P. (2017): Preliminary host catalogue of Palaearctic Tachinidae (Diptera) S. 480 (http://www.nadsdiptera.org/Tach/WorldTachs/CatPalHosts/Cat_Pal_tach_hosts_Ver1.pdf).

[42] Herting, B. (1960): Biologie der westpaläarktischen Raupenfliegen (Dipt., Tachinidae). Monographien zur angewandten Entomologie 16: 1–188.

[43] Tschorsnig, H.-P. & E. Wagenhoff (2012): On the oviposition of *Phorocera grandis* (Tachinidae). The Tachinid Times 25: 3–7.

[44] Tena, A., Wäckers, F. L., Heimpel, G. E., Urbaneja, A. & A. Pekas (2016): Parasitoid nutritional ecology in a community context: the importance of honeydew and implications for biological control. Current Opinion in Insect Science 14: 100–104.

[45] Dathe, H. H. (2003): 31. Ordnung Hymenoptera, Hautflügler in Dathe, H. H. (Hrsg.): Lehrbuch der Speziellen Zoologie. Band I: Wirbellose Tiere. 5. Teil: Insecta. Spektrum Akademischer Verlag Heidelberg 585–651.

[46] Ozbek, H. & S. Çoruh (2012): Larval parasitoids and larval diseases of *Malacosoma neustria* L. (Lepidoptera: Lasiocampidae) detected in Erzurum Province, Turkey. Turkish Journal of Zoology 36(4): 447–459.

[47] Zwakhals, K. (2005): *Pimpla processioneae* and *P. rufipes:* specialist versus generalist (Hymenoptera: Ichneumonidae, Pimplinae). Entomologische Berichten 65(1):14–16.

[48] Bosch, S. (1995): Brutergebnisse beim Buntspecht (*Dendrocopos major*) während und nach einer Gradation des Schwammspinners (*Lymantria dispar*) am Heuchelberg. Orn. Anz. 34: 151–154.

[49] Barbaro, L. & A. Battisti (2011): Birds as predators of the pine processionary moth (Lepidoptera: Notodontidae). Biological Control, 56: 107–114.

[50] Bezzel, E. (1989): Der Pirol. Blüchel & Philler, Minden, S. 159.

[51] von Blotzheim, G. U. N. (Hrsg.) (1993): Handbuch der Vögel Mitteleuropas. Band 13/I Passeriformes (4. Teil). Aula-Verlag Wiesbaden. S. 808.

[52] Pimentel, C & J.-Å. Nilsson (2007): Response of Great Tits *Parus major* to an Irruption of a Pine Processionary Moth *Thaumetopoea pityocampa* Population with a Shifted Phenology. ARDEA 95(2): 191–199.

[53] Lemme, H. & G. Lobinger (2019): Schwammspinner-Massenvermehrung in Franken. LWF aktuell 2/2019: 37–43.

[54] Frank, R. & M. Dietz (1999): Fledermäuse im Lebensraum Wald. Merkblatt 37. Hessische Landesforstverwaltung & Hessische Naturschutzverwaltung. Hrsg.: Hessisches Ministerium für Umwelt, Landwirtschaft und Forsten. S. 128.

[55] Auger-Rozenberg, M.-A., Barbaro, L., Battisti, A., Blache, S., Charbonnier, Y., Denux, O., Garcia, J., Goussard, F., Imbert, C.-E., Kerdelhué, C., Roques, A., Torres-Leguizamon, M. & F. Vetillard (2015): Chapter 7 Ecological Responses of Parasitoids, Predators and Associated Insect Communities to the Climate-Driven Expansion of the Pine Processionary Moth. Roques, A. (Hrsg.): Processionary Moths and Climate Change: An Update. S. 311–357.

[56] Dietz, C., von Helversen, O. & D. Nill (2007): Handbuch der Fledermäuse Europas und Nordwestafrikas. Biologie, Kennzeichen, Gefährdung. Franckh-Kosmos Verlag, Stuttgart. S. 399.

[57] Hochrein, A., Liebscher, K., Mainer, W., Meisel, F:, Pocha, S., Schmidt, C., Schober, W., Schulenberg, J., Tippmann, H., Wilhelm, M. & U. Zöphel (1999): Fledermäuse in Sachsen. Sächsisches Landesamt für Umwelt und Geologie & Naturschutzbund Deutschland, Landesverband Sachsen (Hrsg.). Materialien zu Naturschutz und Landschaftspflege. S. 114.

[58] Andreas, M., Reiter, A. & P. Benda (2012): Dietary composition, resource partitioning and trophic niche overlap in three forest foliage-gleaning bats in Central Europe. Acta Chiroperologica 14 (2): 335–345.

[59] Schober, W. & E. Grimmberger (1987): Die Fledermäuse Europas: kennen – bestimmen – schützen. Franckh'sche Verlagshandlung Stuttgart. S. 222.

[60] Müller, J., Mehr, M., Bässler, C., Brock Fenton, M., Hothorn, T., Pretzsch, H., Klemmt, H.-J. & R. Brandl (2012): Aggregative response in bats: prey abundance versus habitat. Oecologia 169: 673–684.

[61] Ancillotto, L., Cistrone, L., Mosconi, F., Jones, G., Boitania, L. & D. Russo (2014): The importance of non-forest landscapes for the conservation of forest bats: lessons from barbastelles (*Barbastella barbastellus*). Biodivers Conserv. S. 15.

[62] Klimek, L., Vogelberg, C. & T. Werfel (Hrsg.) (2018): Weißbuch Allergie in Deutschland. Für die Deutsche AllergieLiga. 4., überarbeitete und erweiterte Auflage. Springer Medizin Verlag GmbH, S. 416.

[63] Battisti, A., Holm, G., Fagrell, B. & S. Larsson (2011): Urticating Hairs in Arthropods: Their Nature and Medical Significance. Annu. Rev. Entomol. 2011. 56:203–220.

[64] Leitz, N., Arnold, M. & R. Leitz (2003): Raupendermatitis durch Eichenprozessionsspinner. Der Deutsche Dermatologe 9: 684–685.

[65] Rahlenbeck, S. & J. Utikal (2017): Eichenprozessionsspinner-Allergie. Raupen mit reizenden Brennhaaren. Deutsches Ärzteblatt Jg. 114 (18): A896–A898.

[66] Bundesregierung (2012): Antwort der Bundesregierung (Drucksache 17/10020) auf die Kleine Anfrage der Abgeordneten Cornelia Behm, Harald Ebner, Bärbel Höhn, weiterer Abgeordneter und der Fraktion BÜNDNIS 90/DIE GRÜNEN – Drucksache 17/9823 – Maßnahmen gegen den Eichenprozessionsspinner. S. 12.

[67] Brunk, I., Sobczyk, T. & J. Lorenz (2017): Schutz des Naturhaushaltes vor den Auswirkungen der Anwendung von Pflanzenschutzmitteln aus der Luft in Wäldern und im Weinbau. Umweltforschungsplan des Bundesministeriums für Umwelt, Naturschutz, Bau und Reaktorsicherheit. UBA Texte 21. S. 250.

[68] Stang, C. & M. Schwander (2015): Bekämpfung des Eichenprozessionsspinners (*Thaumetopoea processionea*) zum Schutz der menschlichen Gesundheit im öffentlichen Raum. Umweltbundesamt. Fachgebiet IV 1.2 „Biozide", Dessau-Roßlau. Umwelt und Mensch – Informationsdienst (UMID) 2: 14–20.

[69] Vornholt, C.-P. (2020): Verpflichtung zur Beseitigung von EPS-Gespinsten. AFZ/DerWald 2: 34–35.

[70] Williams, D. T., Straw, N., Townsend, M., Wilkinson, A. S. & A. Mullins (2013): Monitoring oak processionary moth *Thaumetopoea processionea* L. using pheromone traps: the influence of pheromone lure source, trap design and height above the ground on capture rates. Agricultural and Forest Entomology 15: 126–134.

[71] Jäckel, B., Feilhaber, I. & H.-U. Schmidt (o.J.): Untersuchungen zu der Anwendung des Biozids NeemPro®tect während der Bekämpfung des Eichenprozessionsspinners im öffentlichen Grün Berlins. Pflanzenschutzamt Berlin. S. 33.

[72] NW-FVA (2017): Arbeitsanweisung: Suche nach Eigelegen des Eichenprozessionsspinners. Nordwestdeutsche Forstliche Versuchsanstalt, Abteilung Waldschutz (Hrsg.), Göttingen. S. 3.

[73] Geiger, F., Wäckers, F. L. & F. J. J. A. Bianchi (2009): Hibernation of predatory arthropods in semi-natural habitats. BioControl 54: 529–535.

[74] Ministerium für Landwirtschaft und Umwelt des Landes Sachsen-Anhalt (Hrsg.) (2015): Hinweise zur erfolgreichen Anlage und Pflege mehrjähriger Blühstreifen und Blühflächen mit gebietseigenen Wildarten (mit Hinweisen zu einjährigen Blühstreifen und Blühflächen sowie Schonstreifen). Maßnahmen zur Erhöhung der Biodiversität in Sachsen Anhalt. S. 46.

[75] Jäger, E., Müller, F., Ritz, C. M. Welk, E. & K. Wesche (Hrsg.) (2017): Rothmaler – Exkursionsflora von Deutschland, Gefäßpflanzen: Atlasband. Springer Spektrum, Berlin. S. 814.

[76] Carrié, R. J. G., George, D. R. & F. L. Wäckers (2012): Selection of floral resources to optimise conservation of agriculturally-functional insect groups. J Insect Conserv 16: 635–640.

[77] Budde-von Beust, M., Joormann, I. & T. Schmidt (2019): Ordnungs- und förderrechtliche Rahmenbedingungen für die Umsetzung von Agrarumweltmaßnahmen in den Bundesländern. Verbundprojekt F.R.A.N.Z. Thünen-Institut für Ländliche Räume, Braunschweig. S. 114 + Anhang.

[78] Meschede, A. (o. J.): Fledermäuse im Wald. Heft 4 der Schriftenreihe „Landschaft als Lebensraum". Hrsg. Deutscher Verband für Landschaftspflege (DVL) und Bundesamt für Naturschutz (BfN). S. 20.

[79] Kleinlogel, B. (2013): Bekämpfung des Eichenprozessionsspinners: Sachgerechtes Entfernen von Nestern und Brennhaaren des Eichenprozessionsspinners. Julius-Kühn-Archiv 440: 75–76.

[80] Scherzinger, W. (1996): Naturschutz im Wald. Qualitätsziele einer dynamischen Waldentwicklung. Verlag Eugen Ulmer, Stuttgart. S. 447.

[81] Naturkapital Deutschland – TEEB DE (2016): Ökosystemleistungen in der Stadt – Gesundheit schützen und Lebensqualität erhöhen. (Hrsg.) Ingo Kowarik, Robert Bartz und Miriam Brenck. Technische Universität Berlin, Helmholtz-Zentrum für Umweltforschung – UFZ. Berlin, Leipzig. S. 300.

[82] Julius Kühn-Institut (Hrsg.)(2014): 4-1.1 – Richtlinie für die Anwendung von Pflanzenschutzmitteln mit Luftfahrzeugen. Institut für Anwendungstechnik im Pflanzenschutz. S. 7 + Anlagen.

[83] Stang, C., Güth, M. & S. Wieck (2019): FAQ Eichenprozessionsspinner. Hintergrund // Mai 2019. Hrsg. Umweltbundesamt, Fachgebiet IV 1.2 – Biozide. S. 9.

[84] Umweltbundesamt (Hrsg.)(2015): Pflanzenschutz mit Luftfahrzeugen – Naturschutzfachliche Hinweise für die Genehmigungsprüfung. Gemeinsames Informationspapier von BfN und UBA. S. 9.

[85] Krüger, K. & R. D. Schumann (1993): Effects of Dimilin, an insect growth regulator, on behaviour, fertility and development of a non target organism, *Leptothorax acervorum* (Hym., Formicidae). Journal of Applied Entomology. Volume115 (1–5): 526–531

[86] Bussler, H. (2014): Käfer und Großschmetterlinge an der Traubeneiche. LWF Wissen 75: 89–93.

[87] Tomiczek, C. (2006): Stamminjektionen bei der Bekämpfung der Rosskastanienminiermotte (*Cameraria ohridella*) – pro und kontra. Forstschutz aktuell 37: 3–4.

[88] Petercord R., Delb H. & H. Schröter (2008): Informationen zur Human- und Ökotoxikologie von Bt–Präparaten, die bei der Bekämpfung von freifressenden Schmetterlingsraupen im Forst eingesetzt werden. FVA Waldschutz-Info 1/2008. 8 S.

[89] Malten, A. & P. Zub (2010): Untersuchung zur Bekämpfung des Eichenprozessionsspinners im Stadtwald Frankfurt am Main 2009. S. 40.

[90] Kaiser-Alexnat, R (2016): *Bacillus thuringiensis* – Grundlagen und Einsatz im biologischen und integrierten Pflanzenschutz. epubli. S. 20.

[91] e-nema (2018): Insektenpathogene Nematoden zur Bekämpfung von Raupen des Eichen-Prozessionsspinners. e-nema® GmbH, Schwentinental. S. 2.

[92] Meier, S. (in Bearbeitung): Nematodenversuche an Lepidopteren-Larven. Vorversuche zur Bachelorarbeit an der HAWK.

[93] Israel, A. (2013): EPS-Bekämpfungsverfahren: Vorbeugend – Spritzverfahren/Akut-mechanische Verfahren. Julius-Kühn-Archiv 440: 77–79.

[94] Dietz, M. (2012): Waldfledermäuse im Jahr des Waldes – Anforderungen an die Forstwirtschaft aus Sicht der Fledermäuse. In Hrsg.: Bundesamt für Naturschutz: Fledermäuse zwischen Kultur und Natur. Naturschutz und Biologische Vielfalt. Heft 128: 127–146.

[95] Beckmann, J. (2020): Der Eichenprozessionsspinner (*Thaumetopoea processionea* L. 1758) in der Stadt Borken (Westf.). Studienbegleitendes Praxisprojekt im Masterstudiengang „Urbanes Baum und Waldmanagement" an der HAWK Göttingen, Fakultät Ressourcenmanagement.

[96] Schaefer, M. (1992): Ökologie. Wörterbücher der Biologie. Gustav Fischer Verlag Jena. S. 433.

[97] Wagenhoff, E., Blum, R., Engel, K., Veit, H. & H. Delb (2013): Temporal synchrony of *Thaumetopoea processionea* egg hatch and *Quercus robur* budburst. J Pest Sci 86: 193–202.

[98] Feicht, E. & M. Weber (2012): Verbreitung und Populationsdynamik des Eichenprozessionsspinners – Witterung und Waldstruktur beeinflussen die Entwicklung wärmeliebender Insekten in Eichenbeständen. LWF aktuell 88: 9–11.

Schriftliche Mitteilungen

BfC 2019 = Bundesstelle für Chemikalien (Einrichtung der Bundesanstalt für Arbeitsschutz und Arbeitsmedizin, Friedrich-Henkel-Weg 1 – 25, 44149 Dortmund). Thema: Einsatz von entomopathogenen Nematoden.

Internet

www1 = https://www.waldwissen.net/wald/tiere/voegel/wsl_ziegenmelker/index_DE Seitentitel: Einheimische Waldvögel: Der Ziegenmelker (Caprimulgus europaeus).

www2 = https://www.lgl.bayern.de/gesundheit/arbeitsplatz_umwelt/biologische_umweltfaktoren/eichenprozessionsspinner/index.htm Seitentitel: Eichenprozessionsspinner. Bayerisches Landesamt für Gesundheit und Lebensmittelsicherheit (LGL).

www3 = http://www.lepiforum.de/lepiwiki.pl?Thaumetopoea_processionea Seitentitel: Bestimmungshilfe für die in Europa nachgewiesenen Schmetterlingsarten: *Thaumetopoea processionea* (LINNAEUS, 1758) – Eichen-Prozessionsspinner: Biologie: Nahrung der Raupe Autor: Erwin Rennwald.

www4 = https://bfw.ac.at/db/bfwcms.web?dok=10542 Seitentitel: Achtung! Eichenprozessionsspinner. Autor: Gernot Hoch, Bundesforschungs- und Ausbildungszentrum für Wald, Naturgefahren und Landschaft, Institut für Waldschutz.

www5 = https://www.cabi.org/isc/datasheet/53502#CE455787-6F07-46BC-BF98-DB6867ADDCB7 Seitentitel: CABI Invasive Species Compendium. Datasheet Thaumetopoea processionea (oak processionary moth).

www6 = https://www.naturetoday.com/intl/nl/nature-reports/message/?msg=16674 Seitentitel: Gaasvlieglarve eet eikenprocessierups (niederländisch: Glasflüglerlarve und Eichenprozessionsspinner). Text-Autoreninnen: Silvia Hellingman & Wichertje Bron.

www7 = https://www.youtube.com/watch?v=-zXC2b-Ns2U Seitentitel: Larve lieveheersbeestje Adalia bipunctata eet jonge eikenprocessierups (niederländisch: Larve des Marienkäfers *Adalia bipunctata* frisst junge Eichenprozessionsraupe). Autor: Guus Hellingman.

www8 = https://www.oekolandbau.de/landwirtschaft/pflanze/grundlagen-pflanzenbau/pflanzenschutz/nuetzlinge/marienkaefer/adalia-bipunctata-zweipunktmarienkaefer/ Seitentitel: Adalia bipunctata (Zweipunktmarienkäfer). (Hrsg.): Bundesanstalt für Landwirtschaft und Ernährung (BLE), Referat 411, Projektgruppe Ökolandbau.

www9 = http://www.pyrgus.de/Thaumetopoea_processionea.html Seitentitel: *Thaumetopoea processionea* (Linnaeus, 1758) (Eichen-Prozessionsspinner). Schmetterlinge und ihre Ökologie. Autor: Wolfgang Wagner.

www25 = https://www.undekade-biologischevielfalt.de/un-dekade/die-un-dekade-biologische-vielfalt/kurzueberblick/ Seitentitel: Die UN-Dekade Biologische Vielfalt 2011–2020.

www26 = https://biologischevielfalt.bfn.de/bundesprogramm/projekte/projektbeschreibungen/treffpunkt-vielfalt-naturnahe-gestaltung-und-pflege-von-freiflaechen-in-wohnquartieren.html Seitentitel: Treffpunkt Vielfalt – Naturnahe Gestaltung und Pflege von Freiflächen in Wohnquartieren. Bundesamt für Naturschutz.

www27 = https://biologischevielfalt.bfn.de/bundesprogramm/projekte/projektbeschreibungen/stadtgruen-artenreich-und-vielfaeltig.html Seitentitel: Stadtgrün – Artenreich und Vielfältig. Bundesamt für Naturschutz.

www28 = https://biologischevielfalt.bfn.de/bundesprogramm/projekte/projektbeschreibungen/aussenstelle-natur.html Seitentitel: Außenstelle Natur – Firmengelände naturnah gestalten. Bundesamt für Naturschutz.

www29 = https://biologischevielfalt.bfn.de/aktivitaeten/akteure/kommunen/kommunales-buendnis.html Seitentitel: Kommunales Bündnis für biologische Vielfalt. Bundesamt für Naturschutz.

www30 = https://www.bne-portal.de/de/nationaler-aktionsplan/die-bildungsbereiche-des-nationalen-aktionsplans Seitentitel: Die Bildungsbereiche des Nationalen Aktionsplans. Bildung für nachhaltige Entwicklung-Portal.

www31 = https://www.svlfg.de/betriebsanweisungen Seitentitel: Betriebsanweisungen. Sozialversicherung für Landwirtschaft, Forsten und Gartenbau (SVLFG).

www32 = https://cdn.svlfg.de/fiona8-blobs/public/svlfgonpremiseproduction/f00e9547a9f1fafa/7a05ea4fc375/b19-broschuere-leiter.pdf Seitentitel: B19 Aktuelles zu Sicherheit und Gesundheitsschutz. Leitern. Sozialversicherung für Landwirtschaft, Forsten und Gartenbau (SVLFG).

www33 = https://cdn.svlfg.de/fiona8-blobs/public/svlfgonpremiseproduction/01ebafafba183886/12189d863944/c_01_06_bio-arbeitsstoffe-eichenprozessionsspinner.pdf Seitentitel: Gefährdungen durch biologische Arbeitsstoffe und weitere organische Stoffe sowie Schutzmaßnahmen und Musterbetriebsanweisungen C.01.06 Brennhaare des Eichenprozessionsspinners. Sozialversicherung für Landwirtschaft, Forsten und Gartenbau (SVLFG).

www34 = https://www.netzwerk-laendlicher-raum.de/themen/wald-forst/eler-foerderung-im-wald/ Seitentitel: ELER-Förderung im Wald- und Forstbereich. Netzwerk Ländliche Räume (dvs).

www35 = https://www.fmcagro.de/download/produkte/41.pdf Seitentitel: Sicherheitsdatenblatt *DIPEL® ES*. www.cheminova.de.

www36 = https://biologischevielfalt.bfn.de/unternehmen-2020/ueber-ubi-2020.html Seitentitel: Die Idee von „Unternehmen Biologische Vielfalt 2020". Bundesamt für Naturschutz: Bundesprogramm Biologische Vielfalt.

www37= https://www.business-and-biodiversity.de/ Seitentitel: Ohne Vielfalt der Natur keine Vielfalt der Wirtschaft. Mitgliedsunternehmen der ‚Biodiversity in Good Company' Initiative.

www38 = https://biologischevielfalt.bfn.de/aktivitaeten/akteure/laender/strategienuebersicht.html Seitentitel: Biodiversitätsstrategien der Bundesländer. Bundesamt für Naturschutz: Die Nationale Strategie zur biologischen Vielfalt.

www39 = http://www.bdp-online.de/de/Branche/Saatguthandel/RegioZert/ Seitentitel: RegioZert® Qualitätssicherungssystem für Produktion und Vertrieb von autochthonem Saatgut. BDP – Bundesverband Deutscher Pflanzenzüchter e. V.

www40 = https://www.natur-im-vww.de/wildpflanzen/vww-regiosaaten/zertifikat/ Seitentitel: Das Zertifikat VWW-Regiosaaten® – Sicherung von Herkunft und Qualität. VWW – Verband deutscher Wildsamen- und Wildpflanzenproduzenten e. V.

www41 = https://stadtundgruen.de/artikel/das-haarer-modell-4129.html Seitentitel: Das Haarer Modell (Autor: Reinhard Witt). Stadt + Grün (01/2014) – DAS GARTENAMT. Patzer Verlag.

www42 = https://www.wildbienen.info/artenschutz/nahrungsangebot_grundlagen.php Seitentitel: Faszination Wildbienen. Verbesserung des Nahrungsangebots im Siedlungsraum –Grundlagen. Paul Westrich.

www43 = www.naturgarten.org/naturnahebeispiele/ Seitentitel: Naturnahe Beispiele von Mitgliedern des Naturgarten e.V. Bundesgeschäftsstelle Naturgarten.

www44 = http://bluehende-landschaft.de/ Seitentitel: Netzwerk Blühende Landschaft – aktiv für alle bestäubenden Insekten.

www45 = https://www.bvl.bund.de/DE/Arbeitsbereiche/04_Pflanzenschutzmittel/01_Aufgaben/02_ZulassungPSM/01_ZugelPSM/01_OnlineDatenbank/psm_onlineDB_node.html;jsessionid=15AB87B717AD4C65BBEF99A70B67AC79.2_cid340 Seitentitel: Online-Datenbank Pflanzenschutzmittel. Bundesamt für Verbraucherschutz und Lebensmittelsicherheit.

www46 = https://www.berlin.de/senuvk/pflanzenschutz/eps/de/massnahmen.shtml Seitentitel: Pflanzenschutz im Stadtgrün – Schadorganismen in Berlin. Tierische Schaderreger: Eichenprozessionsspinner: Nützlinge – Gegenspieler des Eichenprozessionsspinners: Raupenfliegen. Senatsverwaltung für Umwelt, Verkehr und Klimaschutz, Berlin.

www47 = https://www.berlin.de/senuvk/natur_gruen/naturschutz/artenschutz/de/freiland/bekaempfung_eps.shtml#downloads Seitentitel: Artenschutz. Bekämpfung des Eichenprozessionsspinners. Artenschutz und Antragstellung für Ausnahmen. Senatsverwaltung für Umwelt, Verkehr und Klimaschutz, Berlin.

Die Autoren

Prof. Dr. rer. nat. Wolfgang Rohe; Studium der Biologie in Mainz, Basel und Frankfurt am Main; Promotion in ökologischer und systematischer Entomologie mit Forschungsaufenthalten in Genf, Lausanne, Zürich, Paris, London und Malaysia. Anfangs wissenschaftliche Begleituntersuchungen zur Richtlinienoptimierung der Biotopsicherungsprogramme in Rheinland-Pfalz; dann Stationen als Leiter der entomologischen Landessammlung Rheinland-Pfalz am Naturhistorischen Museum in Mainz, später als Leiter der Unteren Naturschutzbehörde in Regensburg.
Seit 1995 Professor für Ökologische Umweltplanung und Umweltinformatik an der Hochschule für Angewandte Wissenschaft und Kunst in Göttingen (HAWK); Kurator der entomologischen Lehr- und Forschungssammlung; Leiter der Forstzoologie.
Seit 2001 Privatdozent an der Georg-August-Universität Göttingen; in 2018 dortige Lehrstuhl-Vertretungsprofessur für Waldschutz und Forstzoologie.
Langjährige internationale Forschungsprojekte in Schottland und Spanien.

Lars Schwarz; Industriemeister Metall; Studium IT-Governance in Frankfurt. Leitungspositionen an unterschiedlichen Standorten eines Automobilherstellers. Projektmanager für IT-Projekte. Seit 2018 im EPS-Management beschäftigt. Seit 2019 Lehrbeauftragter an der HAWK.

Denis Ekarius; Master Automotive Technician; seit 2006 in der Baumpflege tätig, Spezialisierung seit 2017 auf den Eichenprozessionsspinner. Entwicklung neuer Techniken zur Bekämpfung (EPS Solve). Dozent an der HAWK Göttingen seit 2019, Thema: Bekämpfung des Eichenprozessionsspinners.